LE VÉRITABLE

LANGAGE DES FLEURS

OU

FLORE EMBLÉMATIQUE

PAR

J. POISLE DESGRANGES

PARIS

ARNAULD DE VRESSE, LIBRAIRE ÉDITEUR, RUE DE RIVOLI, 55

LE VÉRITABLE

LANGAGE DES FLEURS

Clichy. — Impr. Maurice Loignon et Cie, rue du Bac-d'Asnières, 12.

LE VÉRITABLE

LANGAGE DES FLEURS

OU

FLORE EMBLÉMATIQUE

PAR

J. POISLE DESGRANGES

PARIS
ARNAULD DE VRESSE, LIBRAIRE ÉDITEUR
55, RUE DE RIVOLI, 55

1868

PRÉFACE

Nous ne ferons pas franchir au lecteur les portes de l'Orient pour le ramener au culte des fleurs. Ce sont pourtant les Orientaux, dit la chronique, qui ont composé le *sélam*, ce bouquet dont l'arrangement ingénieux des fleurs était une sorte d'écriture permettant aux amants de correspondre entre eux.

Les fleurs ont eu pour le philosophe ou le penseur, dans tous les temps et dans tous les pays, un langage symbolique. Elles parlent aux yeux comme aux sens. Elles sont le reflet des passions humaines, de même qu'elles sont le miroir des grandes conceptions et des mystères de la nature. Étudier les fleurs, c'est donc s'étudier soi-même et remonter ensuite vers Dieu pour approuver tout ce qu'il a créé de beau.

Nous n'imiterons pas non plus nos devanciers qui ont eu le tort, en publiant des réflexions sur l'emblème des fleurs, de parler de la propriété peu avouable de certaines plantes. Tout ce que la décence ou la morale bannit ne doit jamais entrer dans la composition d'un livre qui est destiné à des lecteurs honnêtes. Le nôtre est à la portée de tout le monde, et ne blessera la pudeur de personne.

Les Langages des Fleurs en général, sont entachés de fautes ou de ridicules. On y parle des fleurs sans les connaître. Le pinceau délicat de la femme qui sait si bien chatoyer les yeux lorsqu'il s'agit de peindre une anémone, un œillet, une pensée ou une rose, n'est plus à la hauteur du tableau quand il faut retracer la plante elle-même.

Les femmes aiment toutes les fleurs, mais fort peu savent les cultiver. Que peuvent-elles dire de leurs sœurs puisqu'elles ne vivent pas journellement avec elles ? Horticulteur par goût, dès notre jeune âge, nous avons étudié les fleurs et leurs propriétés. Nous avons cela de commun avec le grand maître jardinier Alphonse Karr, si nous n'avons pas la plume élégante dont il s'est servi pour laisser de charmants écrits entre autres : son *Voyage autour de mon jardin*.

Le lecteur nous saura sans doute gré d'avoir inséré dans ce livre quelques fables de notre composition, et une nouvelle intitulée : *Le mariage de ma fille*, laquelle est l'histoire d'une tulipe double.

J. Poisle Desgranges.

EMBLÈMES DES COULEURS.

Le Blanc. — Bonne foi, candeur, pureté, innocence.

Le Rouge. — Pudeur, amour, luxe, ardeur, coquetterie.

Le Jaune. — Gloire chez les anciens, infidélité chez les modernes, abandon.

Le Bleu. — Pureté de sentiment, élévation de l'âme, sagesse piété.

Le Noir. — Tristesse, deuil, mort.

Le Pourpre. — Puissance suprême.

Le Rose. — Jeunesse, amour tendre.

Le Vert. — Espérance.

LE VÉRITABLE

LANGAGE DES FLEURS

ABRICOTIER. — *Promesses trompeuses.*

Arbre fleurissant de bonne heure comme l'amandier. Il ne donne pas tous les ans des fruits en raison de sa précocité. Ses branches s'étendent fort loin. Ses feuilles sont courtes, presque rondes, dentées et pointues. Fleurs d'un rose pâle, à cinq fleurons en rose. Fruits à noyaux, d'un beau jaune coloré de rouge. Ils sont ronds et aplatis sur les côtés. Leur chair jaune est parfumée. On fait avec ces fruits une marmelade délicieuse.

ABSINTHE. — *Amertume, chagrins, peines de cœur.*

L'absinthe s'élève à soixante centimètres du sol. Son feuillage découpé est blanchâtre, mou, fort amer et très-aromatique. Les fleurons de la plante sont jaunes et petits. Ils naissent au sommet des rameaux sur les pédicules pendants qui sortent des aisselles. On fabrique avec l'absinthe une liqueur anisée, stimulante et vermifuge mais qui, prise avec excès, dérange ou affaiblit le cerveau.

Acacia Blanc ou Robinier. — *Amour platonique.*

Cet arbre grêle et de haute stature donne des fleurs en grappes blanches, sentant la fleur d'oranger, que l'on peut préparer dans de la friture pour les servir ensuite sur table. L'acacia à fleurs roses a le bois très-fragile. Le premier acacia fut planté en 1687 par Vespasien Robin, professeur au Jardin des Plantes.

Acanthe ou Branc-Ursine. — *Nœuds résistants.*

Plante vivace à tige simple. Sa feuille est grande, lisse, découpée. Elle appartient aux beaux-arts, et a servi à orner le chapiteau corinthien dû à l'architecte Callimaque. La fleur lavée de rose est trilobée à la lèvre inférieure.

Aconit. — *Noirceur, poison.*

Sur une tige qui dépasse un mètre l'aconit napel montre ses fleurs en épi d'un bleu foncé ou bicolore. La forme de cette fleur ressemble à un casque.

L'aconit est un poison âcre.

Adonide d'été ou Goutte de sang. — *Tendres et douloureux souvenirs.*

Espèce de renoncule dont la fleur simple ressemble à une goutte de sang. Feuillage léger et finement découpé.

Il est très-probable que la fable sur la mort d'Adonis a voulu parler de l'adonide, et non de l'anémone, lorsqu'il est dit que Vénus fit naître une plante à l'endroit où le sang d'Adonis avait été répandu.

AGAPANTHE OU TUBÉREUSE BLEUE. — *Liaison étrangère.*

Plante d'Afrique. Fleurs bleues inodores en ombelle bien garnie. (Voir Tubéreuse.)

AGAVE. — *Sûreté.*

Aloès d'Amérique. Les feuilles charnues sont terminées par des aiguillons. Corymbe de fleurs jaunes. Au Mexique on voit des haies formées d'agaves.

AGERATUM. — *Confiance en Dieu.*

Plante très-élégante, originaire du Mexique. Tige à rameaux pubescents, feuilles ovales, et deltoïdes dentées. Pédoncules portant des ombelles de fleurs azurées en capitules, lesquelles durent toute l'année.

AGNUS CASTUS (Vitex). — *Froideur, cœur peu aimant.*

Arbrisseau aromatique à graine qui a le don de refroidir les sens. Les religieuses avaient jadis la croyance que les rameaux de cet arbrisseau étaient une source de pureté pour l'âme et le corps. (Voir Gattilier.)

ALOÈS. — *Défense ou duel.*

Arbre des Indes dont les feuilles contiennent du fil comme le chanvre. Chaque feuille est armée d'un aiguillon meurtrier. Il fournit une résine purgative.

ALKÉKENGE OU CERISIER DU JAPON. — *Horoscope.*

Espèce de morelle. Beau feuillage. Fruits semblables à des

cerises, renfermés dans des coques transparentes comme des petites lanternes. Cette plante médicinale procure l'ébriété. Le fruit est aigrelet. Les Indiens faisaient prendre de l'alkékenge à leurs enfants pour connaître leur destinée.

ALTHÆA, ALCÉE OU ROSE TRÉMIÈRE. — *Fécondité.*

Mauve de Syrie, trisannuelle et rustique. Feuilles larges et arrondies, fleurs grandes, simples, semi-doubles ou doubles, de toutes les couleurs. L'althæa est aussi un arbrisseau à larges fleurs de guimauve, roses, violettes ou blanches.

ALYSSE OU CORBEILLE D'OR. — *Richesse, appât.*

Fleurs toutes petites et réunies en grand nombre et par bouquets. Elles sont d'un jaune d'or éclatant et attirent les insectes qui volent dans l'air.

AMANDIER. — *Richesse trompeuse.*

Arbre dont les fleurs blanches paraissent prématurément. L'amandier fleurit tous les ans et ne donne pas toujours des amandes par suite des froids qui l'atteignent. Ses feuilles étroites sont comme celles du pêcher.

AMARANTE. — *Fidélité.*

Au mois de mai, fleurs en crête de coq, cramoisies et veloutées, contenant une infinité de petites graines noires de la grosseur d'une puce. L'amarante queue de renard retombe sur le sol en grappes allongées.

Amaryllis et Lis Saint-Jacques, Belladone. — *Coquetterie, je brille.*

Oignon donnant une fleur comme celle des narcisses, mais beaucoup plus grande, blanche, rose ou rouge. Il a été apporté en Europe en 1693. — Poison.

Améthiste. — *Je plais.*

Plante annuelle, à fleurs bleues odorantes.

Amomum. — *Satisfaction.*

L'amomum est surnommé l'oranger des savetiers. Cet arbuste à feuilles lancéolées donne des fleurs blanches, puis des baies semblables à des cerises. L'amomum est une espèce de morelle.

Ananas. — *Goût, perfection.*

Originaire des Indes, l'ananas, que l'on cultive chez nous en serre chaude, a des feuilles semblables à celles de l'aloès. Son fruit a la forme d'une grosse pomme de pin. On le mange en tranches, confit ou glacé.

Ancolie. — *Gaieté vive.*

L'ancolie donne des fleurs roses, blanches, bleues ou violettes. Ce sont des clochettes renversées plus ou moins doubles et à pétales gaufrés. La plante est vivace, sa feuille est triternée. Les fleurs sont au sommet de la hampe.

ANÉMONE. — *Abandon.*

L'anémone dont il existe deux espèces, celle des fleuristes et celle des jardins, compte aujourd'hui un grand nombre de variétés. Elle se montre en avril et donne des fleurs charmantes de toutes les couleurs. On replante au mois de septembre les griffes ou pattes que l'on a relevées après la floraison. Sa tige molle se laisse volontiers et par le poids de la fleur retomber sur la terre, d'où lui vient son titre emblématique d'abandon.

C'est du sang d'Adonis, suivant la mythologie que naquit l'anémone (Voir Adonide.)

ANÉMONE ŒIL-DE-PAON. — *Équité.*

ANGÉLIQUE. — *Extase, délire.*

Cette plante aqueuse a une odeur sauvage qui cependant surexcite les sens. Les anciens disaient qu'elle était la reine de l'orgie. De nos jours on boit peu de la liqueur d'angélique, mais on la sert chez les confiseurs lorsque ses tiges creuses ont pris du soutien dans le sucre.

ANIS. — *Douceur.*

Originaire de l'Égypte, cette plante ombellifère produit une graine aromatique qui est employée en médecine, par les confiseurs et par les distillateurs. La liqueur d'anis est très-estimée.

ANTHÉMIDE OU ANTHEMIS PYRETHRUM. — *Pureté, innocence.*

Espèce de camomille dont les pétales disposés comme ceux de l'aster sont d'un beau blanc et bordent un disque jaune.

ANTHOLISE. — *Cœur sensible.*

Il existe un grand nombre d'espèces de cette jolie plante qui craint le froid et l'humidité. Elle fleurit en mai.

ARGENTINE OU OREILLE DE SOURIS (Cerastium). — *Naïveté.*

Rosacée qui se trouve dans les bois. Sa feuille vue en dessous a des reflets argentés. La plante est vivace et forme une touffe arrondie.

ARISTÉE. — *Rigueur.*

Plante superbe. En juillet, fleurs d'un beau bleu. Elle nous vient du cap de Bonne-Espérance.

ARISTOLOCHE. — *Tyrannie, envahissement.*

Tiges grimpantes à fleurs bizarres, et sans éclat. Le feuillage couvre les berceaux les plus dégarnis, mais aux dépens des plantes qui voudraient vivre à ses côtés.

ARMOISE OU CITRONNELLE (Artemisia). — *Bonheur.*

Arbuste qui ne s'élève guère qu'à la hauteur d'un mètre. Son feuillage exhale une odeur de citron. Mêmes propriétés que celles de l'absinthe.

ARRÊTE-BOEUF OU BUGRANE. — *Obstacle, entraves.*

Ce sont les tiges de cette jolie petite papilionacée qui arrêtent parfois la marche de la charrue dans les champs. On la dit une panacée universelle.

ARUM OU GOBE-MOUCHE. — *Piége.*

Plante aquatique dont la fleur blanche en forme d'oublie répand une odeur qui attire les mouches et les retient au fond du calice. Feuilles pédiaires belles et grandes.

ASPHODÈLE OU BATON DE JACOB. — *Regrets.*

Fleurs en épis, jaunes ou blanches. Nos ancêtres la plaçaient près des tombes.

ASTER SINENSIS OU REINE-MARGUERITE. — *Élégance.*

Une des plus belles plantes de l'automne, c'est l'aster de la Chine. Elle est de toutes les couleurs. Ses fleurs radiées sont imbriquées ou pæoniformes. La tige mère porte la plus large fleur. Cette tige et ses rameaux sont garnis d'un vert feuillage.

La reine-marguerite fait l'ornement de nos jardins.

ASTRAGALE. — *Un regret.*

Il donne en juin des fleurs violettes en épi, marquées de jaune. Les feuilles sont pennées et soyeuses.

AUBÉPINE. — *Doux espoir.*

C'est la fleur du buisson épineux qui paraît la première en avril ou en mai. L'aubépine est rose ou blanche. Les poëtes l'ont chantée bien des fois en célébrant le retour du printemps. Les Romains tressaient avec l'aubépine les couronnes de l'hyménée.

Auricule ou Oreille d'ours. — *Séduction.*

Cette plante vivace, à souche basse, et dont la feuille ovale est épaisse, offre plus de cinq cents belles variétés. Elle porte sur sa hampe une ombelle arrondie garnie de huit à douze fleurs à gorge jaune ou blanche. La corolle ne doit jamais être chiffonnée pour plaire aux amateurs. Quelques espèces ont le feuillage farineux.

Azalée. — *Triomphe.*

Arbuste exotique à fleurs terminales blanches, roses ou purpurines. Il fait l'ornement des serres en janvier et février. On le cultive en terre de bruyère.

Badiane ou Anis étoilé. — *Exactitude.*

Bel arbrisseau aromatique venant de Chine. Il indique aux Chinois les heures du jour. Fleurs jaunâtres odorantes.

Baguenaudier. — *Frivolité, prodigalité.*

Arbre donnant en juillet des fleurs jaunes auxquelles succèdent des gousses contenant la graine reproductive. Ces gousses gonflées comme des vessies et appelées baguenaudes font explosion à la moindre pression qu'elles subissent entre les doigts.

Balisier ou Canne de l'Inde. — *Frivotilé.*

Plante à racines tubéreuses, donnant des fleurs à épi droit, jaunes ou écarlates. Reproduction par les tubercules.

Cette plante en raison de son beau feuillage fait l'ornement des massifs de nos squares et jardins.

BALSAMINE. — *Pétulance.*

Fleurs simples ou doubles, de diverses couleurs et différemment panachées ou maculées. Leur pédoncule est des plus fragiles. La graine de la plante est contenue dans une capsule qui subit des contractions et s'ouvre précipitamment pour chasser cette graine quand elle est mûre.

BARDANE. — *Importunité.*

Plante annuelle à fleur composée, flosculeuse. Elle croît dans les terrains incultes. Sa feuille est utilisée en médecine.

BASILIC. — *Pauvreté.*

Petite plante touffue qui laisse une odeur très-forte à la main quand on y touche. Le basilic est employé en cuisine pour aromatiser les sauces.

BAUME. — *Guérison.*

Espèce de menthe dont la feuille a des propriétés stimulantes.

BELLE DE JOUR. (Convolvulus). — *Coquetterie, infidélité.*

Liseron s'ouvrant le jour et se fermant au coucher du soleil. Il est tricolore : bleu sur les bords du limbe, blanc au milieu et jaune soufre à la gorge.

Belle-de-nuit ou Faux jalap (Mirabilis). — *Amour craintif.*

Cette plante du Pérou se multiplie de graines et de tubercules. Elle fleurit blanche, rose ou striée. Sa graine est assez lourde et tombe à terre dès qu'elle est mûre.

Bétoine. — *Surprise, émotion.*

Plante médicinale qui est velue à sa tige, et a les feuilles dentelées. C'est un sternutatoire.

Blé ou Froment. — *Vraie richesse.*

Graminée qui se cultive en tous pays. Point de blé : point de farine ni de pain ! Le blé est la plus belle richesse de la terre.

La tige noueuse de la plante quand elle est mûre et qu'on a fait sortir le grain de l'épi sert, sous le nom de chaume, à couvrir les maisons à la campagne.

Les Blés.

Fable.

A la disette quelquefois
Succède l'abondance,
De même que l'été ramène au fond des bois
Mille fleurs dont l'hiver condamne la présence.
Une année on voyait de beaux blés au lointain ;
Mais ils n'étaient pas mûrs, et l'on manquait de grain.
— Nous aurons dans un mois une bonne récolte !
Disait un riche. — Un mois ! Ah ! le mot me révolte !

Pendant ce temps le pauvre attendra-t-il du pain?
Le riche peut gaîment envisager les choses;
Mais le pauvre, c'est différent;
Lorsqu'il souffre il songe au présent
Et laisse à l'avenir les épis et les roses.

BLÉ DE TURQUIE. — *Abondance.*

Le blé de Turquie a le grain rond et jaune. On en mange en Turquie, et sa farine s'emploie pour façonner des gâteaux. La feuille rubanée de cette graminée est des plus grandes.

BLUET OU BARBEAU. — *Clarté, lumière.*

Centaurée prenant naissance dans les blés, à côté des coquelicots et du silène. Il y a des bluets bleus, roses et blancs.

BOUILLON-BLANC. — *Bon naturel.*

Plante agreste du genre molène. Ses fleurs sont pectorales.

BOULE DE NEIGE. — *Calomnie.*

Arbuste donnant une fleur en forme de boule de neige. Il fait l'ornement des bois et fleurit au printemps.

BOUQUET (un) — *Galanterie.*

Il faut éviter le trop grand nombre de fleurs jaunes ou rouges dans un bouquet, si l'on veut qu'il plaise à la vue.

Le Bouquet.

Fable.

Heureuse de fêter sa mère,
Alice avait cueilli des fleurs :
Thym, marjolaine, primevère,
Œillets de toutes les couleurs,
Coquelicots et giroflée,
Et puis quelques soucis... tel était le bouquet.
A le voir, tout d'abord, il paraissait coquet ;
Mais Alice pensa : — Je serais désolée
Si contre mon désir et contre mon dessein,
Parmi les fleurs ornant son sein,
L'une moins belle pût déplaire
A ma mère que je chéris,
Ce bouquet n'aurait plus de prix,
Et j'aimerais mieux le refaire.
Or, avant de l'offrir, aux yeux des connaisseurs
Montrons-le prudemment. Marthe, Suzon, leurs sœurs,
Sont mes compagnes au village,
Agir d'après leurs goûts sera modeste et sage ;
Un bon avis souvent dissipe les erreurs.
Consultons Marthe la première :
— Alice, y songes-tu, ma chère !
D'avoir dans ton bouquet mis des coquelicots ?
Ce sont des vaniteux, des sots
Qui s'effeuillent au vent... Retire-les ! Alice...
— Tu le veux ! fort gaîment j'en fais le sacrifice !...
A son tour s'exprima Suzon :
— La primevère est bien, dit-elle, en un gazon,
Mais non dans un bouquet où des parfums l'essence
Est ce qui charme l'odorat.

La primevère est simple... et jamais ne plaira...
Alice, il faut l'ôter!... — Soit! mon obéissance
S'y résigne à regret, mais la fleur partira...
Chacune dit son mot, si bien que l'assistance
Bannit la giroflée et puis après le thym,
    Bon tout au plus à la cuisine.
La marjolaine aussi n'eut pas meilleur destin,
Et personne ne vit qu'Alice était chagrine.
La critique, au contraire, en redoublant d'ardeur,
    Des œillets attaqua l'odeur :
— L'œillet porte avec lui le trouble et la migraine!...
Il fallut l'envoyer près de la marjolaine...
Le souci resta seul... Alice, avec douleur,
    Comprit qu'il manquerait de charmes,
Et, sans bouquet, l'enfant courut offrir ses larmes
    A sa mère qui l'attendait.
S'il est vrai qu'en un rien notre plaisir ne noie,
Sous un baiser toujours le chagrin disparaît;
    Alice éprouva ce bienfait,
Et sa mère lui dit, en lui rendant la joie :
— Pour former un bouquet, crains les esprits censeurs;
Une autre fois, ma fille, apporte-moi tes fleurs.

BOURRACHE. — *Brusquerie.*

Plante médicinale à fleurs bleues. Si la feuille est peu agréable au toucher en raison de ses aspérités velues, la fleur du moins est bonne à rétablir la santé.

BOUTON D'OR. — *Amour satisfait, raillerie.*

Renoncule rampante dont la petite fleur jaune, simple ou double, contient un suc dangereux.

BRUYÈRE. — *Solitude.*

Sous-arbrisseau à fleur monopétale campanulée, rose ou blanche. Quoique ayant beaucoup de compagnes et appartenant à une famille nombreuse, la bruyère aime les endroits déserts.

BUGLÔSSE. — *Mensonge.*

Plante vivace, mais de terre de bruyère. Fleurs bleues et jaunes en épi.

BUIS. — *Fermeté, religion.*

Le buis nain forme la bordure de nos jardins. Il est toujours vert. Arbre, le buis donne un bois jaune très-dur et très-estimé. Le tourneur s'en sert avec habileté. La gravure l'utilise. Ce sont les branches de cet arbre que le prêtre bénit à l'église le jour des Rameaux.

CACAOYER. — *Nourriture des Dieux.*

Arbre de l'Amérique méridionale produisant des capsules qui contiennent un nombre variable de fèves ou grains de cacao. Les feuilles et les fleurs de l'arbre se renouvellent sans cesse. Torréfiés, les grains de cacao sont la base du chocolat.

CACTUS. — *Bizarrerie.*

Plante grasse d'un vert transparent et qui fond à la moindre gelée. Le cactus-raquette ou figuier de Barbarie donne des fruits que l'on savoure en Turquie. Beaucoup de variétés de cactus au nombre desquelles se trouvent :

le cierge, la serpentine, etc. Les fleurs sont tubuleuses, pourpres, roses ou blanches.

Caféier (Coffea). — *Bonté, esprit naturel.*

Joli arbrisseau d'Arabie, toujours vert. Fleurs semblables à celles du jasmin, blanches et d'une odeur suave. Baies rouges à deux graines plates d'un côté avec fente longitudinale. Le premier plant de caféiers fut fait à la Martinique par Declieux en 1762.

La liqueur du café brûlé est stimulante.

Calcéolaire. — *Petit pied.*

Plante herbacée ennemie de la sécheresse. Fleurs ressemblant à des petits sabots.

Camélia, *mieux* Camellia. — *Constance.*

Arbre du Japon, à feuillage toujours vert, donnant des fleurs simples ou doubles, roses, blanches ou écarlates. Il fut amené en France par le père Camelli, jésuite, en l'année 1739. Dans l'Anjou, on plante le camélia comme tous les autres arbres, en plein air. A Paris et dans le nord, il fait l'ornement des serres pendant tout l'hiver.

Camomille ou Matricaire. — *Soumission, service.*

Fleurs à rayons blancs et disque jaune. La feuille comme la fleur répand une forte odeur même à l'état de sécheresse.

On l'utilise en médecine comme calmant à la dose d'une ou deux têtes dans une tasse de tilleul.

Campanule ou Clochette. — *Bavardage, flatterie.*

La famille des campanules est très-étendue. La plupart des campanules répandent un suc laiteux quand on brise leur tige. C'est une très-jolie plante vivace donnant des clochettes blanches ou bleues. La violette marine ou mariette est du nombre des campanules. Sa forte fleur, en forme de gobelet, est blanche ou violette.

Canne a sucre (Saccharum). — *Douceur sans pareille.*

Graminée des Indes, à larges feuilles. Sa tige porte une aigrette, garnie de petites fleurs argentées. L'intérieur de cette tige contient un suc avec lequel on fait la cassonnade, puis enfin le sucre raffiné. La plante se cultive, en France, dans les serres chaudes.

Capillaire. — *Délicatesse, discrétion.*

Espèce de fougère que l'on utilise en médecine. Fructification sur le bord des folioles.

Capucine. — *Flamme du cœur.*

Ce cresson du Pérou, à feuille peltée, ressemble par sa fleur au capuchon d'un moine. La graine de capucine confite dans du vinaigre a bon goût. La fleur se mange dans la salade qu'elle pare assez élégamment.

Centaurée. — *Félicité.*

En Orient, la centaurée allume les cœurs. Elle est l'emblème du bonheur suprême. Chez nous on se sert de la feuille de cette plante pour calmer le feu de la fièvre. Fleurs d'un beau jaune, odorantes, semblables au bluet.

Cerisier. — *Bonne éducation.*

Arbre à bouquets de fleurs blanches auxquelles succèdent des fruits rouges dont les oiseaux sont gourmands. Confitures de cerises.

Champignon. — *Défiance.*

On compte plus de cent espèces de champignons. Ils naissent sans culture, mais beaucoup sont dangereux. Le champignon qu'on obtient au bord ou sous la couche de fumier de cheval est toujours bon.

Chanvre. — *Travail, utilité.*

Plante annuelle, originaire des Indes, à fleurs mâles ou femelles suivant le pied. La femelle produit le chènevis, servant d'une part à la nourriture des oiseanx, et de l'autre à renouveler les chènevières, à l'époque des semences.

De l'écorce du chanvre on tire la filasse qui sert à faire des cordages ou de la toile.

Le Chanvre et le Tabac.
Fable.

Honneur à celui qui travaille !
Le chanvre et le tabac, tous deux de même taille,
Mais d'un feuillage différent,
Se disputaient le premier rang.
— A moi seul d'occuper la chènevière entière,

S'exprimait le tabac dans son humeur altière ;
Moi, dont la fleur charme les yeux ;
Moi, que l'on vénère en tous lieux.
Disparais loin d'ici, chanvre d'odeur maussade;
Je ne veux point d'un camarade
Dont la graine mûrit pour un sot perroquet.
— Abaisse, dit le chanvre, abaisse ton caquet,
Car bientôt tes discours s'en iront en fumée.
Non, je n'ai pas ta renommée,
Ni ta fleur, qui peut plaire à voir ;
Mais je sais remplir mon devoir.
Tandis qu'au salon, à la ville,
Tu captives l'oisiveté,
Mon écorce souple et docile,
Se livrant au rouet qui file,
Fait de la toile en quantité.

Notre mérite naît de notre utilité.

CHARDON. — *Misanthropie blessante.*

Plante à feuilles hérissées de piquants. La fleur elle-même blesse le doigt. Elle est bleue et attire le papillon appelé machaon ou porte-queue. L'âne fait, faute de mieux, son repas avec des chardons.

CHATAIGNIER. — *Rendez-moi justice.*

Le châtaignier est centenaire. Son feuillage est des plus beaux et porte au loin l'ombrage. Ses fruits nombreux sont deux ou trois dans une même coque arrondie mais armée de piquants.

La châtaigne est très-nourrissante.

Chélidoine ou Éclair. — *Attention.*

Plante qui naît le long des murs comme la pariétaire. Sa feuille a une odeur assez forte. Ses tiges, quand on les casse, donnent un suc jaune d'or très-corrosif. On l'emploie pour brûler les verrues.

Chêne. — *Hospitalité.*

Port majestueux, taille colossale; c'est le roi des arbres des forêts. Il produit le gland. Sa feuille à lobes inégaux varie suivant les espèces. Elle donne la noix de galle, espèce de végétation tuberculeuse provenant de la piqûre des insectes du genre Cynips. Il y a le chêne-liége, le chêne au kermès, etc.

Le Gland.

Fable.

Le vent soufflait dans les forêts;
Les pins, les ormes, les cyprès
Obéissaient à la tempête;
On les voyait courber la tête
Et replier sur eux leurs flexibles rameaux.
Cherchant un abri, les oiseaux
Apercevaient aussi l'orage,
Et suspendaient leur doux ramage;
On n'entendait au loin que le fracas des eaux.
Un gland, caché sous le feuillage
De l'arbre qui semblait vouloir le protéger,
Ne demandait qu'à déloger.

— Aidé par l'aquilon si je tombais à terre,
Combien je bénirais la foudre et le tonnerre !
Dans mon sein j'ai tout ce qu'il faut
Pour devenir un jour un chêne.
Avec le temps j'y parviendrai sans peine ;
J'atteindrai des buissons le sommet le plus haut,
Celui des houx, des pins, et celui de mon père.
Que dis-je ? dans mon sort prospère,
Je veux le dépasser aussi !
Il eût grandi toujours ainsi
Sans un coup de vent qui le cueille.
Hélas ! pour l'abriter plus d'arbre ni de feuille ;
Il gît au pied d'un peuplier.
Passant auprès, un sanglier
Le reconnaît et le dévore.

Ce qu'on désire fort souvent
Cache un revers que l'on ignore.
Pour monter fiez-vous au vent ;
Il vous mettra plus bas encore.

CHÈVREFEUILLE. — *Liens d'amour.*

Arbrisseau grimpant dont les fleurs légères ont une odeur fort douce. Il s'attache aux berceaux, qu'il couvre promptement lorsqu'il a bien établi ses racines dans le sol.

CHICORÉE SAUVAGE. — *Frugalité.*

Plante apéritive à racine longue, blanche et charnue. Ses fleurs bleues naissent le long de la tige qui s'élève à plus d'un mètre. On coupe la jeune chicorée pour en faire de la salade.

Ce sont ses racines qui, mises dans du sable à la cave, produisent la *Barbe de capucin.*

CHIENDENT. — *Abus, peines profondes.*

Herbe dont la racine souterraine s'étend dans les champs et s'y propage par la multitude de ses nœuds d'où partent de nouveaux filaments. Cette racine est employée pour faire de la tisane rafraîchissante.

CHRYSANTHÈME. — *Dernier espoir.*

C'est la dernière fleur de l'automne. Souvent les gelées l'empêchent de s'épanouir. Cette plante corymbifère a des fleurs doubles, rouges, roses, jaunes, blanches, cramoisies ou brunes.

Le feuillage est odoriférant. Chrysantème en grec veut dire : Fleur d'or.

CIGUE. — *Perfidie.*

Sa ressemblance avec le persil l'a rendue souvent funeste. Cette plante ombellifère est un poison violent. Un philosophe d'Athènes, Socrate, pour prouver qu'il croyait à l'immortalité de l'âme, prit devant ses disciples la coupe de ciguë qu'il devait boire par suite de la condamnation de l'Aréopage.

CINÉRAIRE. — *Cendres cachées.*

Seneçon de Ténériffe à capitules bleus, rouges, lilas, pourpres ou blancs lavés des autres couleurs. Cette plante fait l'ornement des tombes. Chaque fleur forme une étoile.

. CITRONNIER. — *Désir de correspondre.*

Son bois est odoriférant comme son fruit jaune de forme ovale. Les anciens croyaient se préserver des enchantements avec un citron. (Voir Oranger.)

CLÉMATITE. — *Attachement dangereux, artifice.*

Elle s'accroche à toutes les haies et fournit une quantité de petites fleurs qui sentent l'amande. Plusieurs clématites donnent la mort aux bestiaux. Les tiges et les rameaux de cet arbrisseau sont sarmenteux. La clématite à grandes fleurs est originaire du Japon. On les classe toutes parmi les renonculacées.

COBÆA. — *Nœuds.*

Plante annuelle donnant des fleurs d'un bleu violacé. Elle orne les fenêtres de Paris et forme le berceau couvert du pauvre.

COLCHIQUE OU TUE-CHIEN. — *Regrets, mauvais naturel.*

C'est dans les prés que fleurit le colchique rose. Son oignon produit une fleur tubuleuse qui ressemble à celle du crocus, mais le colchique est un poison.

COLLINSIA. — *Distinction.*

Plante annuelle de la Californie. Tige rameuse, feuilles opposées. Fleurs verticillées, à lèvres blanches et roses, violacées.

COLOQUINTE. — *Amertume.*

Espèce de petite courge ronde, à écorce dure et graveleuse, jaune, verte, ou bigarrée. Sa feuille est ronde, ses fleurs sont en cloches jaunes.

L'ORANGE ET LA COLOQUINTE.

Fable.

Un superbe oranger s'était fait le tuteur
D'une chétive coloquinte,
Et sans être jaloux la vit à sa hauteur.
La plante, ayant un fruit semblable pour la teinte,
S'adresse à l'orange : — Ma sœur,
Votre petite sphère
De la mienne en rien ne diffère,
Et je crois que le connaisseur
Pourra commettre quelque erreur :
Car mon écorce est rouge, et la vôtre est de même.
— Ce n'est pas pour cela, dit l'orange qu'on m'aime ;
C'est le cœur que l'on juge, et je l'ai tendre et doux,
Tandis que vous,
Votre pulpe est amère.
La figure n'est rien lorsque l'âme est vulgaire.

CONSOUDE (Symphytum). — *Bienfaisance.*

Plante du Caucase, rameuse, à feuilles ovales et fleurs azurées, d'un bel effet. La grande consoude est précieuse pour cicatriser les plaies.

COQUELICOT. — *Repos.*

Compagnon du bluet il ne le quitte jamais et repose

parmi les blés. Il craint le moindre vent. Ses pétales rouges s'ouvrent le matin pour s'effeuiller le soir. Les enfants aiment à le cueillir.

On prend en infusion les feuilles de coquelicot. Elles sont sudorifiques.

LE COQUELICOT.

Fable.

Le gai coquelicot des champs,
Battu par le froid et les vents,
Au froment son voisin va demander asile.
— Près de vous, lui dit-il, je fleurirai tranquille ;
J'ornerai vos guérets de feux resplendissants,
Et vous me verrez tous les ans
Reparaître à vos pieds sans craindre la faucille.
On avait accepté sa nombreuse famille,
Lorsqu'au beau temps arrive une troupe d'enfants
Qui saute dans les blés, les saccage et les pille.
— C'est notre faute, hélas ! soupirent les épis,
Si notre chute est misérable ;
Quand on reçoit le plaisir à sa table,
Il faut supporter ses amis.

COQUELOURDE. — *Sans prétention.*

C'est une lychnis bisannuelle à fleurs rouges et nombreuses. Son feuillage allongé est cotonneux comme sa tige.

CORÉOPSIS. — *Diversité.*

Feuilles petites à trois ou cinq lobes. Fleurs jaunes ou capitules à longs pédoncules et à disque brun.

CORNOUILLER. — *Durée.*

Chez les anciens c'était l'arbre de la poésie. Son bois est dur, ses feuilles d'un beau vert résistant. Fleurs jaunes en ombelles terminales. Baies allongées d'un rouge noirâtre.

CORONILLE. — *Ingénuité.*

Arbuste donnant des fleurs jaunes dorées en grande quantité. Elles exhalent une odeur de girofle et de fleur d'oranger. La feuille de l'arbuste est petite.

COTONNIER. — *Mollesse.*

Arbuste de l'Inde à fleurs jaunes ou pourpres qui sont de peu de durée. Ses graines sont entourées d'une espèce de chevelure ou duvet soyeux très-blanc. C'est le coton employé par les fabricants de tissus.

COUCOU. — *Infidélité.*

Primevère jaune qui croît au milieu des prés.

COUDRIER OU NOISETIER. — *Réconciliation.*

Arbre forestier à feuilles grandes, luisantes, velues en dessous. Fruits durs entourés d'involucres.

COURONNE IMPÉRIALE OU FRITILLAIRE. — *Dignité.*

Une hampe assez élevée porte une couronne de tulipes

d'un rouge safrané, lesquelles sont renversées et entremêlées d'un vert feuillage qui domine aussi le faîte. Les premières couronnes impériales vinrent de Constantinople en France vers l'année 1570.

Cette fleur, dans la mythologie, était consacrée à Junon. L'oignon de la plante a une odeur fétide.

CRASSULA. — *Coquetterie et cœur sec.*

Plante grasse du Cap. Tiges rougeâtres, charnues; feuillage épais. Plusieurs espèces. La crassule écarlate comme celle à fleurs roses offre une cime bien garnie. Les boutures de cette plante prennent racine à l'état de sécheresse lorsqu'on les place sur le gradin de la serre.

CRÊTE-DE-COQ. — *Perversité.*

Plante envahissante qui brûle le sol et les herbes qui l'environnent. Sa fleur représente un casque, sa graine une crête de coq.

Le cultivateur maudit cette vilaine plante qui est rebutée par les ruminants.

CROCUS. — *N'abusez pas.*

Safran officinal. Petit oignon ; fleurs jaunes, rouges, violettes ou panachées en forme de petites tulipes, s'ouvrant au printemps. Feuilles linéaires.

CUPIDONE OU CHEVEUX DE VÉNUS (Nigella). — *Source d'amour.*

Plante fort grêle. En juillet de grandes fleurs bleues

entourées de feuillages filiformes comme des pattes d'araignée.

CYCLAMEN OU PAIN DE POURCEAU.— *Je regarde la terre.*

Plante indigène à racine fortement tubéreuse. Feuilles orbiculaires en forme de cœur, marquées de taches blanches dessus et de taches rouges en dessous. Fleurs purpurines ou blanches à pétales réclinés, dont les pointes sont tournées en l'air.

CYNOGLOSSE. — *Amitié sans pareille.*

Joli myosotis dont le nom grec veut dire : *langue de chien*, à cause de sa feuille étroite et allongée. Sa fleur bleue, en grappe, aime l'ombre et la fraicheur. La plante trace.

CYPRÈS. — *Deuil, mort.*

Arbre dont les palmes sont toujours vertes. Il est de la famille des conifères en raison de son fruit. Son maintien funèbre convient auprès des tombes.

DAHLIA OU GEORGINE. — *Abondance stérile.*

Après la rose et le camélia, je ne connais pas de plus belle fleur que celle du dahlia qui fut amené en France en 1800. La taille de la plante est ordinairement d'un mètre et demi. Son feuillage est d'un beau vert mais la tige est cassante. Les fleurs sont radiées, leurs pétales bien tuyautés ne doivent jamais laisser entrevoir le disque de la fleur. Les tubercules ou navets de cette plante sont volumineux; mais on n'a pas l'habitude d'en manger. Il existe mille et mille variétés de dahlias obtenues par les semis. Le dahlia bleu n'a pu être trouvé jusqu'à présent, et il n'est pas probable qu'il viendra au monde.

L'Amateur de Dahlias.

Fable.

Rien de plus gracieux que de voir, vers l'automne,
Les globes nuancés des dahlias en fleur,
Et si l'un d'eux tout seul nous paraît monotone,
Le contact du voisin ravive sa couleur.
Lucas, riche propriétaire,
En avait aligné le long de son parterre,
Et certain visiteur les admirait un jour,
Demandant leur nom tour à tour.
L'amateur en citait parfois d'assez bizarres,
Tels que ceux de Monte-Cristo,
La Foudre, Bénazet et Fra-Diavolo.
Ils sont beaux ! disait-il ; mais ils seraient plus rares
Que leur possession me satisferait peu ;
Je n'en désire qu'un : c'est le dahlia bleu.

Toujours l'objet que l'on souhaite
A le secret de nous charmer ;
Mais on cesserait de l'aimer
Si l'on pouvait en faire emplette.

Daphné Mézéréon, Laureole, Bois-gentil ou Joli bois. — *Gentillesse.*

Laurier toujours vert donnant de petites fleurs odoriférantes en groupes axillaires. La feuille contient du poison.

C'est Daphné, fille du fleuve Pénée que Jupiter changea en lauréole pour la soustraire aux poursuites d'Apollon.

DATURA OU STRAMOINE. — *Charmes trompeurs.*

Pomme épineuse d'Egypte, espèce de stramonium de la famille des solanées, dont les fleurs brillent le soir et répandent un doux parfum.

DELPHINIUM, DAUPHINELLE, OU PIED-D'ALOUETTE. — *Légèreté. Lisez dans mon cœur !*

Plante de la famille des renonculacées. Le pied-d'alouette est cette charmante bordure de fleurs éperonnées, roses, blanches, violettes, purpurines ou bleues qui entremêlent leurs rameaux variés.

DEUTZIA GRACILIS. — *Grâce élégante.*

Arbrisseau originaire du Japon, dont les rameaux flexibles sont chargés de jolies petites fleurs blanches comme la neige, en grappes axillaires. Il fut dédié à Deutz, botaniste hollandais.

DICTAME. — *Naissance.*

En médecine le dictame était jadis fort employé. C'est une plante vivace à tiges visqueuses et couvertes de glandes. D'après son nom elle a dû prendre naissance sur les montagnes de l'île de Crète. Ses feuilles sont pennées comme celles du frêne. (Voir Fraxinelle.)

Digitale ou Gant de Notre-Dame. — *Travail.*

Jolie plante bisannuelle de la famille des personnées donnant en août des fleurs blanches ou purpurines en épi unilatéral formant chacune un doigtier pendant. La digitale est un poison très-énergique.

Doronic. — *Froideur.*

Plante vivace des Alpes. Fleurs terminales en mai. Elles sont radiées d'un beau jaune. Feuilles velues.

Ébénier (Diospyros ou Plaqueminier). — *Résistance.*

Grand arbre dont le bois est recherché pour sa dureté. Il est originaire de Ceylan. Ses feuilles sont semblables à celles du poirier. Le Plaqueminier est une espèce d'ébénier. Celui de Virginie donne des baies mangeables.

Ebénier (faux) ou Cytise.

Espèce de robinier donnant, au printemps, des grappes de fleurs jaunes papilionacées. Sa graine est un poison.

Eglantier. — *Poésie.*

Rosier sauvage qui jette ses fleurs au milieu des buissons auxquels il s'accroche. L'églantine est le nom de sa fleur. Elle était la décoration des anciens poëtes aux jeux floraux. Toulouse l'a conservée dans ses tournois poétiques.

Le Chêne et l'Églantier.

Fable.

Un chêne usurpateur maudissait un nuage
Qui lui cachait un peu les rayons du soleil.
— Tu murmures à tort, dit un rosier sauvage ;
Car l'épaisseur de ton feuillage
Me fait souffrir un mal pareil.
— Il est vrai, mais ici chacun songe à ses peines.
Et toi-même tu ne vois pas
La tige du fraisier qu'en ce moment tu gênes
Plus bas.
Du rameau verdoyant jusqu'à la branche morte,
Chacun projette une ombre ; elle est plus ou moins forte.

Ellébore ou Rose de Noel. — *Bel esprit.*

Plante indigène et vivace à fleur d'un blanc-rose, laquelle était réputée autrefois comme pouvant guérir la folie. (Renonculacée.) L'ellébore fleurit bien avant le printemps. On le voit persister malgré la neige. L'ellébore fétide croît dans les fossés et sur les bords des chemins. Sa fleur est verte et sans attrait.

Ephémérine. — *Bonheur d'un instant.*

Plante vivace à feuilles linéaires et lancéolées. Fleur en bouquets terminaux d'un bleu violet, ayant fort peu de durée.

Épilobe ou Laurier de Saint Antoine. — *Production.*

Tige rouge très-élevée. Fleurs purpurines en grappes. L'épilobe est vivace et donne beaucoup de fleurs.

EPINE NOIRE. — *Difficultés.*

Arbrisseau à épines qui donne des petites baies noires.

EPINE-VINETTE OU BERBERIS. — *Aigreur.*

Le fruit rouge ou violet de cet arbrisseau épineux est des plus acides. On clôt les propriétés champêtres avec l'épine-vinette, qui décore aussi les bosquets.

ERABLE. — *Réserve.*

Arbre du Levant qui a plusieurs espèces. Le sycomore est l'érable blanc qui vient dans nos climats. Sa fleur sans éclat a cinq pétales donnant naissance à des capsules comprimant la graine. Les capsules ressemblent à deux ailes accouplées. Les feuilles sont également placées deux à deux sur les branches.

FENOUIL, OU ANETH DOUX. — *Mérite.*

Plante vivace à parasols arrondis, dont les fleurs sont formées en roses à cinq pétales jaunes. La graine sent l'anis.

Le fenouil se mange en salade comme le céleri. Il est apéritif et fébrifuge. On en fait de l'eau-de-vie.

FEUILLE MORTE. — *Chute, mort.*

FICOÏDE. — *Glace du cœur.*

Plante grasse donnant au printemps une multitude de petites fleurs roses ou blanches en étoiles lorsque le soleil brille sur elles.

FIGUIER. — *Douceurs.*

Arbre à écorce unie, cendrée, qui croît avec une rapidité extrême. Feuilles épaisses, découpées, rudes au toucher pleines d'une liqueur laiteuse; aucune fleur apparente. Fruits mous en poires violettes ou vertes lesquelles sont remplies de petites graines croquantes.

FOUGÈRE. — *Sincérité, confiance, ménage.*

Genre de cryptogame dont on ignore le mode de reproduction. La feuille de la fougère, roulée sur elle-même à sa naissance, se déroule peu à peu pour étendre ensuite ses longues feuilles découpées.

FRAISIER. — *Bonté, délices.*

Rosacée à fleurs blanches, donnant des fruits rouges ou blancs légèrement acidules et fortement parfumés. Sa touffe se plaît dans les bois.

LA FRAISE ET LE POTIRON.

Fable.

Un enfant découvrit une odorante fraise
Aux pieds d'un grave potiron
Qui s'étendait fort à son aise :
— Je suis le roi des fruits, le plus gros, le plus rond !...
L'enfant se baisse et prend la fraise.

Le mérite n'est pas dans la lourdeur du poids,
Quand la valeur est peu de chose.
La cosse ne vaut pas le pois;
Un bouquet sans parfum n'égale pas la rose.

FRAISIER DE L'INDE OU GRIMPANT. — *Apparence trompeuse.*

Cette plante qui trace plus que le fraisier des bois et des jardins porte des fleurs jaunes et une fraise sans saveur.

FRAMBOISIER OU BUISSON FRANC. — *Doux langage.*

Cette ronce du Mont-Ida produit un fruit rouge ou jaune, velu, très-parfumé. Le framboisier repousse du pied tous les ans en traçant plus loin.

Le proverbe dit que le framboisier n'a jamais connu son grand-père.

FRAXINELLE OU DICTAME BLANC. — *Feu.*

La Fraxinelle donne une fleur laissant échapper une espèce de soufre végétal qui prend feu. C'est une plante vivace ; ses fleurs sont rayées de blanc et de pourpre foncé. Son feuillage ressemble à celui du frêne.

FUCHSIA. — *Amabilité.*

Type de la tribu des fuchsiées. Fleurs à calices roses représentant de petits chapeaux chinois renversés et dont les pétales intérieurs sont tantôt blancs-bleus ou violets. Variétés très-nombreuses.

FUMETERRE. — *Fiel.*

Plante amère qui croît sans culture et dont la racine a la propriété de fumer la terre. Sa fleur est petite. Celle du Dielytra spectabilis, espèce à part, est fort jolie. Elle représente un petit cœur rose renversé avec deux reflets nacrés.

FUSAIN. — *Votre image est dans mon cœur.*

Arbrisseau touffu fréquenté par les oiseaux. Le fusain sert à dessiner lorsqu'on le réduit à l'état de charbon.

GAILLARDE. — *Vive et joyeuse.*

Elle est vivace mais ne peut supporter dehors les froids de l'hiver. Cette plante a des fleurs à grands capitules aurores et à disque brun.

GALÉGA OU RUE. — *Raison, mœurs.*

Feuilles pennées. Fleurs bleues ou blanches en épi. Le galéga est vivace.

GARANCE. — *Calomnie.*

Plante dont la racine donne une teinture rouge.

GATTILIER OU VITEX. — *Pudeur, chasteté.*

Arbre dont les rameaux roux sont garnis de fleurs en grappes d'un blanc bleuâtre.

GENÊT. — *Léger espoir.*

Les variétés du genêt sont nombreuses. C'est le genêt d'Espagne qui est le plus estimé. Son feuillage est porté sur de longues tiges ressemblant à celles de l'osier. Sa fleur jaune est très-odoriférante et très-agréable.

GENÉVRIER. — *Asile, secours.*

Arbre toujours vert qui se plaît dans les bois. Sa graine brûlée est odoriférante. Elle sert aussi à faire une liqueur très-estimée dans le Nord.

GENTIANE. — *Dédain.*

En mai, fleurs solitaires campanulées d'un beau bleu de Prusse. Sa racine est des plus amères. On l'emploie en médecine. On assure que c'est Gentius, roi d'Illyrie, qui découvrit la propriété de cette plante.

GÉRANIUM OU PELARGONIUM. — *Estime, langueur, caprice.*

Trop variés et trop nombreux pour être énumérés ici, les géraniums sont de deux catégories : les zonées et les pelargoniums à grandes fleurs. Le géranium tom-pouce est rouge, sa feuille sent fort. On en fait des massifs. Les pelargoniums à grandes fleurs vivent en serre jusqu'au moment d'aller au marché. Les fantaisies sont de leur famille. Plusieurs de ces fantaisies ont le feuillage odoriférant. Il y a le géranium rosa, le poivré, l'orangé, etc.

GERMANDRÉE OU PETIT CHÊNE. — *Plus je vous vois, plus je vous aime.*

Ce petit quercus s'élève à peine du sol. On en fait des bordures qui ont la fleur de la véronique.

GIROFLÉE VIOLIER OU RAVENELLE (Cheiranthus). — *Préférence, simplicité.*

Préférant les murailles à la terre, la ravenelle semble

se tenir à la fenêtre lorsqu'elle fleurit ainsi attachée aux vieux murs qui l'ont vue naître. Sa fleur simple sent bon. Les variétés doubles ont chacune leur nom. Les giroflées rouges et violettes sont aussi désignées à part.

GIROFLIER. — *Goût prononcé.*

Arbuste appartenant à la famille des myrtes. Sa fleur non développée se nomme *clou de girofle* et s'emploie en cuisine.

GLAÏEUL. — *Indifférence.*

Le glaïeul s'est multiplié à l'infini. Il a des fleurs en épi de toute les nuances, du rouge au blanc. Son oignon donne beaucoup de petits caïeux. Sa feuille est semblables à celle de l'iris.

GLYCINE. — *Douce amitié.*

Arbre dont la tige s'étend comme une liane embrassant tout ce qu'elle rencontre. On dirige la glycine à volonté. Elle orne la devanture d'une maison de campagne aussi bien qu'un berceau. Ses fleurs sont d'un beau bleu cobalt et retombent comme des grappes de raisin.

GOURDE. — *Pèlerinage.*

Espèce de coloquinte à feuilles musquées. Les fleurs sont en clochettes blanches.

GRENADIER. — *Ambition, fatuité.*

Adgeste, fils de Jupiter et du rocher Adgus, ayant répandu son sang, il en naquit la grenade.

L'arbuste est superbe, ses fleurs simples ou doubles sont d'un rouge écarlate qui lui appartient. Le grenadier simple, à fleurs jaunes, donne des fruits rafraîchissants à cellules remplies de grains acidules. L'écorce comme la racine est amère et vermifuge.

GRENADILLE OU PASSIFLORE. — *Foi.*

Plante grimpante à fleur couronnée d'où s'élèvent des pointes séparées en forme de clous.

GROSEILLIER. — *Délices.*

Arbuste originaire des Alpes, donnant des fruits blancs ou rouges, en grappes, dont les graines transparentes laissent voir les pépins.

Usage : dessert, confitures.

GUI. — *Liaison dangereuse.*

Chez les Gaulois on cueillait le gui avec cérémonie pour célébrer le retour de l'année. Cette plante parasite, de la famille du chèvrefeuille, s'attache principalement au chêne.

GUIMAUVE. — *Bienfaisance.*

Espèce de mauve velue, mais à feuille douce, dont la racine renferme un suc mucilagineux. Pectorale et adoucissante.

GYROSELLE (Dodecatheon). — *Divinité.*

Plante de la Virginie. Fleurs petites, pendantes et d'un beau rose pourpre, à pétales relevés.

HARICOT D'ESPAGNE (Phaseolus). — *Gaieté croissante.*

Tiges grimpantes, feuilles pointues, grappes de fleurs écarlates. Variété à fleurs blanches.

HELENIUM. — *Pleurs.*

Hélène ayant versé des pleurs, il naquit sur le sol de Troie les soleils radieux qui portent le nom d'hélénium.

HÉLIOTROPE. — *Amour abandonné.*

Ovide raconte que Clythie, délaissée par Apollon, se laissa mourir. Le dieu eut des regrets et métamorphosa Clythie en héliotrope. La plante donne de petites fleurs d'un bleu sombre exhalant le parfum de la vanille.

HÉMÉROCALLE. — *Beauté d'un jour.*

Lis du Piémont, à larges feuilles en touffe. Fleurs blanches de peu de durée et répandant une odeur agréable.

HÉPATIQUE. — *Confiance.*

Son emblème est des plus vrais. C'est en effet l'hépatique qui nous fait avoir confiance au retour du printemps. Sa feuille, résistante comme celle du lierre, tapisse tout l'été le sol qui cache ses racines sombres. Avant d'apparaître, ce feuillage donne naissance à de petites fleurs doubles ou simples, dont la couleur est bleue, blanche ou rose.

HORTENSIA. — *Majesté, constance.*

Cette fleur vient du Japon. Elle fut connue en France

vers 1790. Présentée plus tard à la reine Hortense, elle eut l'honneur de porter le nom de la mère de Napoléon III. La plante a un bois qui durcit mais qui craint la gelée. Le feuillage est d'un vert changeant. Les fleurs sont ombelliformes et d'un rose pâle qui bleuit vers la fin de l'épanouissement.

HOUBLON. — *Injustice.*

Les sarments du houblon couvrent promptement une vaste tonnelle. Son feuillage envahit d'un côté tandis que ses racines appauvrissent la terre. Heureusement que sa fleur verdâtre quand elle est sèche procure aux gens du Nord les moyens de fabriquer la bière, cette boisson amère mais fort goûtée.

HOUX. — *Défense.*

Arbre des bois, toujours vert qui a pour fruit une petite baie rouge. Les feuilles sont luisantes et hérissées de piquants.

IBÉRIS, THLASPI OU TÉRASPIC. — *Indifférence.*

Plante ombellifère, vivace, ou annuelle suivant les variétés. Il existe la corbeille d'argent. Le téraspic est blanc, lilas pâle ou foncé.

IF. — *Tristesse.*

Arbre vert comme le pin. Il est plutôt l'ornement d'une tombe que celui d'un jardin. Ses racines et son feuillage sont nuisibles à ce qu'ils approchent. Les Gaulois empoisonnaient leurs flèches dans la sève de cet arbre mélancolique.

IGNAME (Dioscoræa). — *Grossièreté.*

Plante des Indes à tige grimpante. Les habitants des tropiques mangent les gros tubercules de cette plante.

IMMORTELLE. — *Amitié constante.*

Fleurs blanches, jaunes ou roses, dont les pétales ont le son métallique et ne se déforment jamais. L'immortelle jaune conserve toujours sa couleur.

IPOMEA. — *Caresses.*

Plante annuelle et grimpante. En juin, petites fleurs campanulées, d'un rouge vif.

IRIS. — *Espérance, bonne nouvelle.*

Comme l'arc-en-ciel, l'iris a différentes nuances. M. Lémon en a obtenu beaucoup de variétés à odeur. L'iris a des feuilles distiques, gladiées. Sa hampe porte plusieurs fleurs. Avec les bulbes sèches de cette plante on peut parfumer le linge.

IXIA. — *Tourmente.*

Iridée à bulbe visqueuse. Jolies fleurs variables de forme et fort élégantes, rouges, blanches, bleues, violettes ou jaunes.

JACÉE OU COMPAGNON BLANC. — *Sympathie commune.*

Espèce de lychnis vivace qui a des fleurs resemblant à de petits œillets doubles roses ou blancs.

JACINTHE, mieux HYACINTHE. — *Douleur.*

Ulysse et Ajax s'étant disputé les armes d'Achille, ce fut le premier qui les obtint. Ajax se perça le cœur avec un javelot, mais les Dieux le changèrent en la fleur qui porte son nom.

L'oignon qui produit cette fleur aime une terre sablonneuse. On le trouve fréquemment dans les bois. La hampe supporte de jolis fleurons de toutes les couleurs et d'une odeur pénétrante.

JASMIN. — *Passion, volupté.*

Charmant arbrisseau à fleurs blanches ou jaunes, ayant une odeur fort suave.

L'espèce la plus ancienne est celle du jasmin blanc qui nous vint des Indes, en 1560.

JONC. — *Docilité.*

Plante aquatique. Espèce de lien servant à attacher les plantes.

JONQUILLE. — *Désir, langueur.*

Genre de narcisse jaune à fleurs simples ou doubles qui fleurit au printemps. Son oignon a des propriétés vomitives.

JOUBARBE. — *Bienfaisance cachée.*

Plante grasse utile comme l'orpin pour les blessures. En juillet, petites fleurs à neuf pétales portées par une hampe qui sort de l'artichaut de cette plante.

JUJUBIER OU ZIZYPHUS. — *Doux soulagement.*

La Syrie possède les jujubiers. L'arbre est assez élevé, il est épineux et donne des fruits bien moins gros que celui des dattes mais de formes à peu près semblables. On utilise ce fruit pour la tisane pectorale.

JULIENNE OU HESPERIS. — *Rivalité.*

Espèce de crucifère donnant des fleurs blanches ou violettes, à rameaux, qui ont l'odeur des giroflées.

KADSURA. — *Frugalité.*

Arbrisseau de quatre à cinq mètres, à feuilles épaisses et dentées. Il est originaire du Japon. Ses fleurs sont composées de six pétales blancs.

KETMIE (Hibiscus). — *Vous êtes jolie.*

Malvacée musquée de l'Inde à fleurs axillaires à onglet, pourpres, blanches ou lilas. Ketmie des jardins, arbrisseau.

LAITUE. — *Refroidissement.*

Plante potagère à feuilles larges et ondulées qui est rouge ou verte. Se mange cuite ou en salade.

LAURIER. — *Gloire.*

Arbre du Levant à feuilles persistantes, lancéolées, d'un vert foncé et fort lisses ; fleurs jaunes, baies noires. Epice employé en cuisine.

LAURIER CERISE. — *Perfidie.*

Laurier de Trébizonde acclimaté dans le midi de la France. Feuilles ovales, lancéolées. Elles sentent l'amande, mais ces feuilles contiennent un poison violent. Fleurs blanches ; fruits noirs.

LAURIER-ROSE (Nerium). — *Gloire durable.*

Touffes arrondies à bois flexible. Feuilles verticillées. Jolis bouquets de fleurs roses ou blanches, simples ou doubles qui durent fort longtemps et surprennent les mouches. L'odeur du laurier-rose est agréable mais perfide. Les insectes trouvent la mort dans la fleur de cette plante.

LAURIER TIN OU VIORNE. — *Je demande des soins.*

Originaire d'Espagne, ce bel arbrisseau a des feuilles opposées en croix, ovales, aiguës. Ses fleurs sont rouges à l'extérieur et blanches à l'intérieur. Leur ombelle bien garnie est agréable à la vue.

LAVANDE. — *Silence.*

Vient du midi de la France. Plante aromatique, feuilles inéaires, à bord roulé en dessous. Fleurs bleuâtres en épis.

Lierre. — *Attachement réel.*

Arbrisseau grimpant aux arbres et aux murs auxquels il s'attache au moyen de crampons racidiformes. Feuilles persistantes et lobées. Fleurs petites, baies noires. Les oiseaux aiment à nicher sous le feuillage épais du lierre.

La Tour et le Lierre.

Fable.

Une tour fort antique, aux flancs volumineux.
S'élevait jusqu'au ciel d'un air majestueux.
Le lierre avait grandi, protégé par son ombre,
Et ses rameaux touffus, repliés et sans nombre,
Tapissaient son long corps et son front lézardé.
La vieille tour, un jour, s'écroula sur la place,
Avec l'arbre grimpant qui s'était hasardé
A la suivre aussi dans l'espace ;
Mais le lierre encor vert, sous les pierres rampant,
Sur la tour en débris reparut comme avant.

Un intrigant succombe... ah ! cessez de le plaindre,
S'il reste un instant sans appui ;
Comme le lierre il sait ramper pour mieux atteindre,
Et profiter plus tard des ruines d'autrui.

Lilas ou Syringa. — *Jeunesse, premier amour.*

On ignore la patrie du lilas commun. Cet arbrisseau a les feuilles en cœur. Ses fleurs en thyrse ont une odeur suave. Le lilas de Perse est une variété à fleurs plus petites. Il y a des lilas blancs, roses, bleuâtres ou rougeâtres.

LIN. — *Bienfaiteur.*

Feuillage dont les tiges légères se réunissent en gerbe et laissent pencher à leurs extrémités des fleurs d'un joli bleu. Variétés à fleurs rouges ou blanches.

On utilise les fils du lin pour faire de la toile.

LIS. — *Majesté, pureté.*

Type des liliacées. Il comprend un grand nombre d'espèces. Parmi elles se trouve le lis à feuilles de lance et pétales renversés. Le lis commun a la tige droite ; il porte plusieurs fleurs blanches d'une odeur des plus agréables. Chacune d'elles a les étamines chargées d'un pollen qui jaunit les doigts.

LISERON, AGRIMOINE, OU RELIGIEUSE DES CHAMPS. — *Humilité, reconnaissance.*

Campanule des champs, blanche, striée de rose. Le liseron vrille autour des plantes et s'y attache. C'est le volubilis sauvage auquel à la campagne on attribue des propriétés sanitaires.

LOBELIA. — *Amour du prochain.*

La lobélie céleste forme des touffes peu élevées. Chaque tige a des rameaux garnis de fleurs en épi. Les feuilles sont étroites et lancéolées.

LUNAIRE OU MONNAIE DU PAPE. — *Mauvais débiteur.*

Plante bisannuelle de la Suisse. Feuilles grandes, fleurs

en grappes rouges, blanches ou panachées. Gousses rondes paraissant renfermer de la monnaie.

LUPIN. — *Amour du changement.*

Fleurs en épi, à boutons blancs, puis roses et bleus après l'épanouissement. Le lupin changeant a une très-bonne odeur. Sa graine se compose de petits haricots dans une cosse.

LUZERNE. — *La vie.*

La luzerne est fauchée aussitôt qu'elle grandit. Cette herbe à fleurs jaunes attire les argus, petits papillons bleus des prairies.

LYCOPODIUM. — *Amour terrestre.*

Gazon rampant propre à orner les serres. On le plante en bordure où il reprend sans racines.

LYCHNIS OU CROIX DE JÉRUSALEM. — *Sympathie irrésistible.*

Plante vivace. Fleurs disposées en cime, rouges et formant la croix de Malte.

MAGNOLIA OU MAGNOLIER. — *Magnificence.*

Le magnolia grandiflora est un arbre originaire de la Caroline. Il s'élève dans le climat à trente mètres de hauteur. En France, il craint les froids, et son feuillage souffre s'il n'est pas garanti contre les gelées. La feuille d'un vert luisant est fort belle. La fleur est superbe et très-odorante. C'est un œuf prodigieux qui a neuf et quelquefois douze pétales d'un blanc pur. Lorsque cette fleur s'ouvre, elle laisse voir des étamines d'un jaune doré. La fructification se trouve dans un cône qui contient des graines d'un rouge vif comme du corail. En se détachant du cône elles restent suspendues en l'air par de longs fils. C'est en l'honneur de Magnol, professeur de botanique à Montpellier, que l'arbre reçut son nom.

MANCENILLIER. — *Fausseté.*

Arbre d'Amérique dont l'ombrage est pernicieux et dont le fruit recèle du poison.

MANDRAGORE. — *Rareté.*

Solanée de Grèce. Fleurs ouvertes en étoiles d'un beau violet bleuâtre. Feuilles radicales très-grandes. Au moyen âge, cette plante était fort employée en médecine.

MARGUERITE OU PAQUERETTE. — *Innocence, m'aimez-vous ?*

Petite plante touffue et vivace qui orne les champs et les prairies. Les fleurs radiées sont blanches, rouges, panachées, simples ou doubles. La mère de famille est une variété qui laisse naître des petites marguerites autour de son front.

MARJOLAINE. — *Consolation.*

Arbuste à tige grêle. Feuilles ovales en cœur. Fleurs en panicule lâche, d'un violet pourpre. En bordure, plante aromatique.

MARRONNIER D'INDE. — *Luxe.*

Très-bel arbre à feuilles digitées. Fleurs disposées en thyrse, blanches, maculées de rouge. Fruit rond, plus gros que celui de la châtaigne, et fort amer.

LE HÉRISSON ET LE MARRON D'INDE.

Fable.

Le monde est à présent bâti d'étrange sorte,
Et j'en connais peu la façon,
S'écriait maître Hérisson
Fâché d'être mis à la porte.
Le lapin me renvoie, et prétend que les siens
Se sont plaints hautement des piquants que je porte.
Ah ! s'il avait les poils plantés comme les miens,
Il ne me dirait pas d'aller me faire tondre.
Sans m'amuser à lui répondre,
Je reviens à mon thème, et suis ce que je suis ;
Les lapins sont des sots : pour toujours je les fuis...
Parlant ainsi, comme un hôte du Pinde,
Il relevait la tête et marchait fièrement.
Le vent souffle... Au même moment
Tombe d'un arbre un marron d'Inde,
Et l'un de ses piquants blesse au nez l'animal.
— Insolent ! que tu m'as fait mal !
Ne pouvais-tu tomber par terre ?

La blessure d'autrui nous apparaît légère :
Fort rarement on la comprend ;
La nôtre, c'est tout différent ;
Son mal n'est jamais ordinaire.

MAUVE. — *Douceur constante.*

La mauve naît sans culture, ses fleurs sont roses striées d'un rose violacé. On utilise en médecine la fleur aussi bien que le feuillage de la mauve. Variétés nombreuses.

MÉLÈZE. — *Audace.*

Arbre à flèche, résineux, en forme de pyramide, lequel perd sa verdure en hiver. Il croît au sommet des Alpes.

MÉLIANTHE. — *Calme.*

On la nomme aussi fleur de miel parce que ses petites fleurs rouges ont une liqueur sucrée. Feuilles pennées et glauques.

MÉLILOT. — *Longue vue.*

Ce baume du Pérou donne des fleurs en têtes d'un bleu pâle et très-odorantes.

Il est employé pour les yeux.

MÉLISSE. — *Plaisanterie.*

Plante herbacée à fleurs d'un rose pourpre, disposées en grappes.

Eau de ce nom fabriquée par les Carmes.

MENTHE POIVRÉE. — *Sagesse, vertu.*

Labiée dont la feuille est très-odoriférante. On fabrique avec l'essence de menthe les pastilles de ce nom. Elles sont digestives, et laissent de la fraîcheur à la bouche.

La monarde est une variété de menthe qui donne des fleurs à bractées d'un rouge vif. On la nomme aussi thé d'Oswégo.

MERCURIALE. — *Miel trompeur.*

Plante campaniforme du genre des tithymales et des euphorbes qui ont un suc laiteux et corrosif.

MIGNARDISE. — *Enfantillage.*

Petit œillet rose maculé de rouge en couronne.

MILLE-FEUILLES (Achillée). — *Guérison.*

Herbe à feuilles panachées surnommée *l'herbe aux charpentiers.* Fleurs pourpres ou roses tout l'été. C'était une panacée qui a perdu de sa valeur.

MILLEPERTUIS. —. *Oubli de la vie.*

Fleurs jaunes à longues étamines, très-ouvertes. Grandes feuilles sessiles parsemées de points transparents.

MIMOSA OU SENSITIVE. — *Cœur trop pudique.*

Plante des Antilles, d'une susceptibilité extrême. Il suffit de la toucher ou de souffler sur elle pour que ses pétioles et ses folioles s'abaissent à l'instant. Tiges à aiguillons crochus. Fleurs très-petites, violacées, en houppes légères.

Plusieurs espèces d'acacias ont aussi le nom de mimosa et donnent des fleurs jaunes odorantes.

Le Papillon et la Sensitive.

Fable.

Un papillon, fendant la nue
Pour voltiger de fleur en fleur,
Suspendit un moment son vol et son ardeur
Auprès d'une plante inconnue.
— Permets-moi, lui dit-il, vaincu par la chaleur,
De reposer sur toi mon aile fatiguée.
J'ai parcouru les prés, les bois et les vallons,
Et n'ai pas rencontré, dans tous les environs,
De fleur qui soit si distinguée.
— Éloigne-toi de moi, papillon inconstant ;
Je suis d'autre pays, je suis la sensitive
Craintive
Qu'un rien peut flétrir à l'instant.
Je ne saurais porter le bout de ton antenne ;
Tout m'offense, m'irrite, et ton contact me gêne ;
Je frissonne au toucher de la plus blanche main
Et ne puis endurer le moindre souffle humain.
— Ah ! dit le papillon, que je vous plains, ma chère !
Et combien vous devez souffrir !
Quand on est ainsi faite, il vaudrait mieux mourir,
Ou retourner chez soi pour vivre solitaire.

Trop de susceptibilité
Nous ôte l'amabilité.

Mimulus. — *Souvenir éphémère.*

Plante vivace aimant l'humidité. Fleurs jaunes marquées à la base d'une large macule de sang. Feuillage aqueux et cassant qui prend racine à chaque jointure.

MOMORDIQUE. — *Mystification.*

Plante cucurbitacée de l'Inde. Feuilles velues divisées comme celle de la vigne. Fruits jaunes se déchirant pour se débarrasser de leurs graines.

MORELLE (Solanum). — *Douce amie, vérité.*

Il y a plusieurs sortes de morelles. Celle des champs naît sans culture. Les fruits noirs de cette plante ressemblent à ceux du cassis. Utilité de la plante en médecine.

MOURON ROUGE. — *Rendez-vous.*

Herbe à petit feuillage qui produit des petites fleurs rouges portant graine tout aussitôt. Le mouron rouge est nuisible aux oiseaux qui mangent si bien le mouron blanc.

MOUSSE. — *Amour maternel.*

Plante cryptogame qui tapisse les bois.

MUFLIER, GUEULE DE LION OU DE LOUP. — *Présomption.*

L'antirrhinum ou mufle de veau est bisannuel ou vivace. Ses fleurs sont en épi, elles simulent un mufle bicolore, rouge ou blanc sulfuré. Ses feuilles sont lancéolées. La plante aime à se fixer aux murailles comme la ravenelle.

MUGUET DE MAI (Convallaria). — *Légèreté, retour au bonheur.*

Plante traçante et vivace, tige nue, feuilles ovales,

fleurs en épi unilatéral, blanches et en forme de grelots.

MURIER ROUGE. — *Dévouement.*

Arbre touffu. Belles feuilles épaisses, en cœur pointu. Fruits passant du rouge au noir. On les utilise en pharmacie pour en faire un sirop rafraîchissant. L'acidité du fruit avant sa maturité est telle, que son mordant enlève aux doigts et sur le linge blanc les taches de la mûre noire.

MURIER BLANC. — *Prudence.*

Arbre à feuilles moins dures que celles du précédent. Fruits blancs. La feuille sert de nourriture aux vers à soie que l'on élève en Italie.

MUSCARI OU HYACINTHE MUSQUÉE. — *Faiblesse.*

Oignon donnant des fleurs disposées en épi globuleux, sentant le musc.

MYOSOTIS OU SOUVENEZ-VOUS DE MOI. — *Ne m'oubliez pas* !

Miniature de fleur d'un bleu céleste avec des points jaunes. Elle est vivace et très-rustique. Feuilles oblongues, étroites, les fleurs sont disposées en épi unilatéral.

MYRTE. — *Amour partagé.*

Arbrisseau à odeur suave. Petites ou grandes feuilles. Fleurs blanches, simples ou doubles à étamines très-rapprochées. Les fruits sont de petites baies d'un bleu noirâtre.

MYRTILLE OU AIRELLE ANGULEUSE (Vaccinium). — *Trahison.*

Arbuste indigène croissant parmi les bruyères. Baies semblables à celles du myrte. On les mange. Bouquet de fleurs en grelot d'un blanc rosé.

NARCISSE DES POETES. — *Amour-propre, fatuité.*

Oignon allongé, feuilles linéaires, hampe surmontée d'une fleur blanche odorante, à couronne verte bordée de rouge.

Narcisse se mirant au bord d'une fontaine fut puni de sa coquetterie en subissant la transformation de la fleur qui porte son nom.

NICOTIANE OU TABAC. — *Obstacle renversé.*

Plante solanée de l'Amérique du Sud. Feuilles grandes, velues, visqueuses. Fleurs roses disposées en panicule terminale. Le tabac sauvage a la fleur jaune. Avec la feuille de la plante cultivée, on fait les cigarettes et le tabac à fumer. Réduit en poudre c'est un sternutatoire fort en usage.

Nicot, ambassadeur en Espagne, fut le premier qui offrit le tabac à Catherine de Médicis, sous le nom d'*herbe à la royne.*

NOYER. — *Importunité, impressions tristes.*

Le noyer est originaire de la Perse. Comme arbre il a un port magnifique ; mais son feuillage épais ne permet pas aux plantes ou aux arbustes de végéter sous lui. Sa feuille a une odeur si forte qu'on ne peut s'endormir sous l'arbre sans éprouver plus tard un violent mal de tête. Le fruit du noyer contient une amande à quatre lobes que l'on mange avec plaisir. Cette amande fournit une huile siccative. Le brou ou enveloppe de la coque de noix sert à composer une teinture brune.

NYMPHÆA OU NÉNUPHAR BLANC. — *Chasteté.*

Lis d'étang dont les bras s'étendent. Feuilles larges en cœur. Fleurs d'un blanc pur flottant sur l'eau.

ŒILLET (Dianthus). — *Amour vif.*

Plante vivace d'Afrique, feuilles linéaires, très-étendues, d'un vert glauque. Fleurs à calices et de toutes les couleurs, rouges, blanches, jaunes, panachées, dentelées ou arrondies. Les œillets dont les pétales sont ronds et dont le calice ne crève pas sont les plus estimés. L'œillet flamand est brun. On tire de l'œillet des essences aromatiques.

ŒILLET DE POETE. — *Jalousie.*

Plante trisannuelle à fleurs petites, nombreuses, disposées en corymbe plat, rouges, roses, blanches ou mouchetées, simples ou doubles.

L'œillet de la Chine est une variété à fleurs plus grandes.

ŒNOTHÈRE OU ONAGRE. — *Inconstance.*

Beaucoup d'espèces d'œnothères sont en France ; mais elles ont toutes pour la plupart des fleurs grandes, d'un beau jaune et odorantes. Le feuillage est lancéolé. La fleur se ferme le soir et s'ouvre le matin.

Olivier. — *Paix, sagesse.*

Cet arbre remonte aux premiers âges de la civilisation. Minerve, suivant la mythologie, avait fait choix de l'olivier comme étant le symbole de la sagesse.

Les branches donnent des feuilles toujours vertes. Les fleurs sont petites et disposées en grappes axillaires. Les fruits sont verts et contiennent une huile dont on se sert à table.

Ophrys. — *Erreurs.*

Genre d'orchis sans éperon, mais ayant des bulbes charnues. Fleurs de formes bizarres ayant de la ressemblance avec les mouches, les abeilles ou les araignées.

Oranger (Citrus). — *Virginité, générosité.*

Arbre du midi de la France qui est originaire de Chine. Sa feuille est découpée à la base en forme de cœur et se termine en pointe. Elle est très-odorante. La fleur est d'une blancheur sans égale. Ses pétales sont épais et renversés quand elle s'ouvre. Le fruit de l'oranger est rouge et contient une chair remplie d'un jus fort agréable. Usage en médecine de la feuille comme antispasmodique, et de l'essence de la fleur pour l'eau dite de fleur d'oranger.

Ornithogale ou Épi de la Vierge. — *Offrande.*

Feuilles longues, molles et presque sèches. Fleurs trèsblanches, en épi et formant chacune l'étoile. Plante à caïeux.

ORPIN OU HERBE AUX CHARPENTIERS. — *Bonté*

Sedum à feuilles planes et grasses que l'on fait confire dans l'huile pour guérir les blessures. Sa fleur est petite, rose, en corymbe serré. Bon nombre de variétés.

ORTIE. — *Cruauté.*

Plante formant touffe. Feuilles ovales armées, comme les tiges, de poils piquants. L'ortie blanche est employée en médecine. Prise à contre sens l'ortie ne pique jamais les doigts.

OSIER. — *Franchise.*

Saule pourpre à feuilles longues, étroites dont les branches se fendent et servent aux vanniers.

OSMONDE. — *Rêverie.*

Fougère indigène. Belle plante à feuilles pennées et se terminant par une grappe compacte de globules jaunes.

OXALIS. — *Joie.*

Diverses espèces. Les unes sont herbacées, les autres ont une hampe feuillée au sommet. D'autres ont des racines tuberculeuses jaunes ressemblant à des petites pommes de terre. La feuille a le goût de l'oseille. Les fleurs peuvent être cultivées parmi celles d'agrément, car elles sont toutes jolies.

Paille de blé.

Cassée : — *Rupture.* — Entière : — *Emblème de l'union.*

Palmier ou Dattier (Phœnix).

Arbre qui porte les dattes. Il en existe de plusieurs sortes qui donnent chacune des fruits de différentes espèces.

Tronc turberculeux, élevé, feuilles roides, pennées et retombantes, lesquelles naissent dans l'aisselle des vieilles feuilles. Elles sont de toute beauté pour la forme et l'étendue.

Pariétaire. — *Chagrin.*

Plante vivace et tenace. Petites fleurs à étamines très-nombreuses. Elle croît le long des puits et des murailles.

Patchouly (Pogostemon). — *Mode.*

Plante de l'Indo-Chine peu remarquable par sa fleur, mais qui donne une huile essentielle à la parfumerie.

Pavot. — *Sommeil.*

Plante somnifère à larges feuilles amplexicaules. Variétés de fleurs simples ou doubles à pétales frisés à l'intérieur. Ovaire arrondi à crête et à cellules ou parois contenant une infinité de petites graines noires avec lesquelles on fabrique l'opium.

L'ENFANT, LE PAPILLON ET LE PAVOT.

Fable.

Un papillon, en s'échappant,
Avait dans les doigts d'un enfant
Laissé le brillant de ses ailes.
Ne pouvant fuir au loin, il faisait maints efforts
En traînant faiblement son corps,
Et l'enfant se riait de ses peines cruelles.
Pour l'insecte qui souffre un pavot s'ouvre alors,
Avec un rayon d'espérance,
Et se charge du soin d'endormir sa souffrance...

Pour venger la misère et pour calmer ses maux,
Hippocrate n'a pas semé trop de pavots.

PÊCHER. — *Bonheur.*

. Le pêcher a les rameaux dociles; on le palisse le long des murs; ses fleurs sont d'un rose tendre et sentent l'amande. Les feuilles sont lancéolées. Les fruits sont arrondis, charnus, succulents et fondants; leur peau, jaune d'un côté et carmin violacé de l'autre, est lisse ou très-velue. Fleurs purgatives employées en médecine.

PENSÉE (Viola). — *Pensez à moi.*

La pensée est de la famille des violettes. Celle dite pensée vivace est d'un bleu de Prusse superbe ou d'un violet foncé. Cette espèce a donné naissance par les semis à une foule de belles variétés de pensées de toutes les couleurs. Elles ont un masque plus ou moins marqué au milieu de la fleur qui est ronde.

La pensée blanche retrace l'enfance; la pensée aux reflets vifs, la jeunesse; la pensée veloutée, l'âge mûr; la pensée noire, la mort; les pensées jaunes donnent des idées terrestres à l'homme; les pensées bleues élèvent notre âme jusqu'au ciel.

La Pensée.

Fable.

Vous ne rampez pas sur la terre,
Voulez-vous éclipser vos sœurs?
Pensée, oh! vous êtes bien fière,
Lorsque vous redressez vos fleurs!
— Je ne suis pas semblable au lierre
Qui place sa tige en haut lieu;
Je cherche seulement à m'élever vers Dieu!

PENTSTEMON. — *Coquetterie étudiée.*

Campanule du Mexique. Feuilles lancéolées finement dentées. Grappes de fleurs d'un rouge velouté en dehors et blanches en dedans.

Perce-neige (Galanthus). — *Consolation, espoir.*

Oignon allongé de la grosseur d'une noisette, hampe comprimée portant une ou deux petites fleurs inclinées d'un blanc pur. Variétés doubles.

Persil. — *Festin.*

Feuilles très-odorantes, découpées et dentées. Fleurs en parasol de couleur rousse. Usage culinaire.

PERVENCHE (Vinca). — *Doux souvenirs.*

Plante rustique et vivace. Tiges rampantes. Feuilles ovales. Fleurs axillaires blanches ou d'un bleu tendre. Il y a une petite espèce de pervenche qui se trouve dans les bois. Elle a les feuilles panachées et les fleurs roses ou pourpres. Ce fut la plante affectionnée de J.-J. Rousseau.

PETUNIA. — *Je rampe.*

Tabac de la Plata. Plante visqueuse très-rameuse et diffuse. Fleurs infundibuliformes, grandes, blanches, violettes, pourpres, panachées, simples ou doubles.

PEUPLIER. — *Tristesse, gémissements.*

Le peuplier croît avec rapidité. C'est plutôt une flèche qu'un arbre. Il est droit, élancé et porte de petites branches très-fragiles. Son feuillage tremble au moindre vent et gémit avec lui. Beaucoup d'espèces. L'une d'elles fournit au moment de la floraison une grande quantité de coton.

PHALANGÈRE OU HERBE A L'ARAIGNÉE. — *Antidote.*

Plante indigène. Racine vivace et fibreuse. Feuilles graminoïdes; fleurs nombreuses en épi, blanches.

PHLOX. — *Beauté dominante.*

Très-jolie plante vivace née dans l'Amérique du Nord Ses feuilles linéaires sont fermes et placées en faisceaux. Fleurs odorantes et pyramidales, réunies en grand nombre. Elles sont roses, blanches, violettes, pourpres ou striées, avec un disque formant l'étoile plus ou moins prononcée.

PIMENT OU POIVRE-LONG. — *Effronterie.*

Le poivrier a plus de trois cents espèces. Toutes sont à petites fleurs disposées en épi. La plante est originaire de l'Amérique et de l'Inde. Ses fruits d'abord verts sont ensuite d'un rouge très-vif et brillant. Ils sont ronds comme des cerises ou allongés comme de petits concombres. Ils fournissent le poivre, cet épice aromatique. Le feuillage est d'un beau vert lustré.

PIN. — *Hardiesse.*

Le pin et le sapin sont les hôtes des forêts du Nord. Ils s'élèvent à pic sur les monts et sont toujours verts. Le bois du sapin est résineux et donne l'essence de térébenthine. Le pin est également résineux, mais il donne des pommes en bois qui servent au chauffage. Le pin cultivé dans le midi a une pomme qui contient une amande alimentaire.

LE PIN ET L'ABRICOTIER.

Fable.

Le vent d'automne qui soufflait
Emportait bruyamment les feuilles dans la plaine,
Et le peuplier gémissait
Sous l'effort de Borée excitant son haleine.
De chaque arbre on eût dit voir venir le trépas.
Un gigantesque pin lui seul ne bougeait pas.

— Vous ne craignez donc rien pour votre épais feuillage?
Lui demande un abricotier,
Surpris de son maintien altier.
Le pin lui répondit : — J'ai passé mon jeune âge
Près des monts qui sont toujours blancs,
Et je ne crains sur mes vieux ans,
Aucun frimas, ni vent, ni neige.
Cela dit, que Dieu vous protége...
Dans ma famille les hivers
Ne nous atteignent point, nous restons toujours verts.

Hommes froids dont le cœur fut nourri par la glace,
Vous êtes en tout temps semblables à ce pin ;
Le mal d'autrui pour vous est un hiver qui passe
Sans assombrir votre destin.

PISSENLIT. — *Oracle.*

Plante à feuilles longues, découpées et coriaces qui porte une hampe surmontée d'une fleur jaune à disque dont les aigrettes légères réunies en forme de sphère se laissent emporter par le vent. Le pissenlit se mange en salade. Sa feuille est amère et bonne à donner de l'activité au sang.

PISTACHIER. — *Surprise.*

Cet arbre vert porte des fruits dans lesquels se trouve l'amande appelée pistache que les confiseurs placent dans les dragées.

Le pistachier mâle ne donne que des fleurs à étamines. C'est le pistachier femelle qui est productif et qui a seul des fleurs à pistils

Pivoine. — *Honte.*

La pivoine appartient aux renonculacées. Elle est herbacée, ligneuse. Sa racine est bulbeuse. Ses rameaux garnis de feuilles composées se terminent par des fleurs doubles, volumineuses, d'une vivacité de couleur remarquable. La pivoine en arbre a des fleurs couleur de chair. Les pivoines à odeur de rose et de thé sont herbacées. La pivoine officinale simple est employée en pharmacie.

Plantain. — *Pauvreté.*

Plante basse à feuilles assez larges. Graines en épi dur. Le plantain croît dans les endroits stériles ou pierreux. L'eau de cette plante est bonne pour les yeux.

Platane. — *Génie.*

Arbre superbe du Levant. Tige nue; belle cime; grandes feuilles palmées. Fleurit en mai, et donne ensuite des fruits hérissés en boule.

Plumbago. — *Simplicité, soumission.*

Plante à tiges sarmenteuses fort grêles. Feuilles ovales ou oblongues d'un beau vert. Fleurs en épi court ou en bouquets axillaires d'un bleu cobalt tendre et frais.

Poirier. — *Mariée.*

Arbre dont les fleurs sont disposées en bouquets de mariée. Feuilles lisses lancéolées d'un beau vert.

Fruits allongés et à chair fondante. On fait avec eux un cidre appelé poiré. Confitures de poires.

POIS DE SENTEUR. — *Délicatesse.*

Fleur papilionacée annuelle, rose, violette, panachée ou blanche, à odeur de fleur d'oranger. Cette gesse odorante est originaire de Sicile. Elle est grimpante, à tiges anguleuses.

POLÉMOINE BLEUE. — *Rupture.*

Variété de valériane grecque.

POLYGALA. — *Ermitage.*

Espèce de myrte. Fleurs d'un beau violet, à carène aigrettée.

POMME DE TERRE. — *Bienfaisance.*

Tubercule rond ou allongé portant des feuilles velues, lourdes et d'une odeur particulière. Petites fleurs en étoiles, blanches, roses ou violettes. Étamines jaunes. Ce légume farineux est très-utile au pauvre. Il fut introduit en France par le chimiste Parmentier, sous Louis XVI. Laplant e est de la famille des morelles.

LA POMME DE TERRE MALADE.

Fable.

La pomme de terre est malade !
Disaient les légumes un jour :
Il faut la remplacer. Un gros topinambour
S'offrit alors. — Mon camarade,
Soupira de son lit l'habitante des champs,
Je sais qu'il faut toujours mettre à profit le temps ;
Je te cède mon nom, mon rang et ma demeure;
Mais, pour en profiter, souffre au moins que je meure.

POMMIER. — *Préférence.*

Arbre dont les rameaux forment une tête ronde et bien touffue. Fleurs en bouquets chargés de boutons roses au printemps et d'un beau blanc lorsqu'ils s'épanouissent. Senteur agréable. Fruits ronds ou à côtes, jaunes ou rouges. Feuilles alternes d'une forme elliptique dentée.

Le cidre est la boisson que l'on fait avec les pommes. Gelée et sucre avec les mêmes fruits.

PRIMEVÈRE. — *Jeunesse.*

Plante vivace en touffe très-basse. C'est la première fleur du printemps. Elle est jaune, rouge, violette ou rose. Le disque est jaune ou blanc. Elle fleurit séparée ou en ombelle garnie comme celle de l'auricule. La feuille est oblongue et dentée.

PRUNIER. — *Indépendance.*

Le prunier aime volontiers à végéter sans culture. Son feuillage est d'un beau vert, ses fruits ovales sont violets ou jaunes. Confiture de prunes.

QUASSIA AMARA. — *Amertume du cœur.*

Arbrisseau des Antilles dont le bois est fort amer. On l'utilise pour faire des gobelets donnant leur amertune à l'eau qu'on y verse. Usage pharmaceutique. Les fleurs de l'arbrisseau sont disposées en épis droits d'un beau rouge auxquels succèdent des fruits de même couleur.

QUINQUINA. — *Découverte, bienfait.*

Rubiacée originaire du Pérou. Le quinquina est un

grand arbre portant des fleurs en grappes comme celles du lilas. Ses feuilles sont par paires opposées. Son écorce est employée en médecine, comme un fébrifuge assuré. On raconte qu'un Américain tourmenté par la fièvre fut guéri en buvant de l'eau d'un courant où retombait l'une des branches de l'arbre.

RENONCULE. — *Ingratitude, perfidie.*

Racines en forme de griffes. Fleur à cinq pétales jaunes ou rouges, feuilles à folioles trifides, incisées. Les tiges sont droites ou rampantes.

RÉSÉDA. — *Mérite modeste.*

On ignore la patrie du réséda. Feuilles oblongues, fleurs verdâtres légèrement colorées de rouge. Odeur très-suave.

RÉVEILLE-MATIN. (Euphorbe). — *Lait trompeur.*

Plante annuelle dont le feuillage ombellifère donne un suc laiteux très-corrosif qui peut faire perdre la vue si l'on s'en frottait les yeux.

RHODODENDRON. — *Profusion.*

Bel arbre du Népaul à rameaux étagés. Son nom en grec veut dire : laurier rose. Ses feuilles lancéolées sont plus épaisses que celles des lauriers. Elles sont soyeuses au début, puis elles deviennent vertes en dessus avec des reflets métalliques en dessous. Ses fleurs roses, écarlates, blanches ou violettes, sont terminales, disposées en corymbe ou bouquets garnis. Lorsque l'on casse une des sommités fleuries la tige répand un suc visqueux qui colle aux doigts. En France, le rhododendron se cultive en terre de bruyère et n'a que peu d'élévation. On en forme des massifs d'agrément.

RICIN OU PALMA-CHRISTI. — *Fécondité.*

Plante de l'Inde, annuelle, à feuilles grandes palmées. Fleurs en grappes mâles, à la base, et femelles au sommet. Sa graine fournit une huile purgative. Son écorce brûlée sent le musc.

ROMARIN. — *Je me plais en votre présence.*

Arbrisseau aromatique à fleurs labiées, d'un bleu pâle. Feuilles persistantes.

RONCE. — *Envie.*

Rameaux épineux s'accrochant aux haies. Quantité de bouquets de fleurs semblables à de petites roses simples ou doubles. La feuille est utilisée pour les maux de gorge.

ROSE. — *Beauté, volupté, grâce virginale.*

C'est le type de la grâce et de la beauté. Son feuillage denté est des plus élégants. Ses boutons à calices légers, sont d'une coquetterie charmante. Les poëtes en vantant les perfections de la femme l'ont comparée à la rose. Quel port ! quel incarnat ! quelle douce odeur !

Certains rosiers sont plus épineux que d'autres. Les fleurs sont de toutes les nuances : jaunes, roses, blanches, cramoisies, capucines, pourpres foncées, striées ou panachées.

La Fable raconte que la rose jadis était blanche. Vénus se piqua les doigts en cueillant une rose blanche, et le sang de la déesse en tombant sur cette fleur la fit à l'instant changer de couleur.

On compte aujourd'hui plus de trois mille variétés de roses.

L'Ane et les Roses.

Fable.

Faux connaisseurs qui jugez tout
Sans art, sans finesse et sans goût,
Sachez qu'on n'est jamais ce qu'on cherche à paraître.
Un âne, que l'on menait paître,
Heurta sur sa route, en marchant,
Un odorant paquet de roses.
— Holà ! lui dit son maître, et vois sur quoi tu poses
L'un de tes pieds. L'âne, approchant
Sur le charmant bouquet ses narines enflées,
S'écrie avec dédain : — Devait-on m'avertir !
J'avais jugé ces fleurs avant de les sentir :
Je n'aime pas les giroflées.

Roseau. — *Agitation, musique.*

Tiges creuses. Feuilles longues et rubanées d'un vert glauque. Fleurs paniculées, élégantes, se balançant au gré du vent. Plusieurs variétés dont celle à massue.

Sainfoin a bouquets ou d'Espagne. — *Cœur ému.*

Fleurs papilionacées en épis rouges et odorantes. Feuilles à sept et neuf folioles. Plante bisannuelle.

Salicaire (Lythrum). — *Prétention.*

Tiges quadrangulaires rougeâtres. Feuilles de saule Fleurs en épis purpurines.

Salvia ou Sauge éclatante. — *Estime.*

Tiges caniculées. Feuilles très-glabres. Fleurs en épis à pédoncules d'un rouge ponceau des plus vifs. Le feuillage est très-odorant.

Sapin. — *Élévation.*

(Voir Pin.)

Saponaire. — *Qualités nombreuses.*

Plante indigène et rustique. Feuilles lancéolées, lesquelles écrasées donnent une eau savonneuse. Fleurs odorantes d'un rose violacé.

Saule. — *Mélancolie.*

Arbre dont le tronc se creuse d'année en année, jusqu'à l'écorce. C'est un osier qui vit au bord des rivières. Le saule pleureur laisse retomber ses longues branches sur le sol ou dans l'eau.

Saxifrage ou Fleur de Paques. — *Présents.*

Beaucoup de variétés à petites ou grandes feuilles persistantes, épaisses et formant touffe. Il y a la saxifrage à feuilles en cœur, celle sarmenteuse, et le désespoir du peintre dont la fleur rose tendre est une charmante miniature.

SCABIEUSE. — *Veuvage.*

Plante venant des Indes, bisannuelle. Feuilles radicales spatulées. Fleurs en capitules solitaires à disque très-bombé et garni d'étamines. Elles sont blanches, roses ou d'un brun noir. Le papillon nommé *paon de jour* affectionne particulièrement la scabieuse brune.

SCEAU DE SALOMON (Polygonatum). — *Discrétion.*

La plante est très-élégante. Sa racine blanchâtre offre de distance en distance, une cicatrice arrondie en forme de sceau par suite de la chute de la hampe de la fleur qui meurt tous les ans. Fleurs simples, doubles, blanches et pendantes. La variété double est à odeur.

SEIGLE. — *Activité.*

Sorte de blé dont la paille est vigoureuse et dont l'épi est barbu. La farine de seigle mêlée à celle du froment est très-nourrissante.

LE SEIGLE.

Fable.

Quand serai-je un brin d'herbe, un brin d'herbe à mon tour?
        Répétait chaque jour
Un petit grain de seigle enfoui dans le sable.
        O bonheur ineffable!
Le sol s'ouvre à sa voix; le voilà parvenu
        Sous un ciel inconnu.

Le soleil le réchauffe, il verdit, il prospère,
Sans paraître étonné de se voir plus d'un frère.
Mais un ver destructeur
Vient arrêter sa crue et sa feuille allongée,
Qui bientôt est rongée.
Hélas! à peine au monde il connaît la douleur.
Invoquant de nouveau l'Auteur de la nature,
Il se plaint de garder sa chétive stature.
— Que le destin, dit-il, agit avec lenteur!
Était-ce bien la peine
De naître pour rester semblable à de l'aveine?
Quand donc serai-je de hauteur
A pouvoir dominer la plaine?
Cette fois il grandit ; le voilà vigoureux ;
Et pourtant il n'a pas encor ce qu'il désire;
Il gémit dès l'aurore et le soir il soupire.
Cérès l'interrogea. — Pour couronner tes vœux,
Que te faut-il, seigle peu sage?
— Un seul épi, déesse! afin que je propage;
C'est tout ce que je veux,
Devant plus tard t'en faire hommage.
L'épi s'élève enfin; Cérès le rend fécond.
Mais du vieillard barbu l'épi courbe le front.
Il tremble au moindre bruit; un souffle de Borée
Balance sa tige dorée.
Il dessèche, et, perdant tout à coup sa vigueur,
Tombe... sur l'humble faux du joyeux moissonneur.

De l'homme c'est ainsi que s'enfuit l'existence,
Sans qu'il soit satisfait du sort;
Ses vœux les plus ardents font place à l'inconstance,
Et son dernier désir est traduit par la mort.

SENEÇON DES INDES. — *Soupçon.*

Tiges et feuilles plus grandes que le seneçon commun des oiseaux. Capitules à rayons pourpres, roses ou lilas. Disque d'un beau jaune.

SERINGA (Philadelphus). — *Amour découvert.*

Arbrisseau indigène formant buisson. Beau feuillage. Fleurs blanches d'une odeur forte mais agréable.

SOLEIL OU TOURNESOL. — *Adoration, reconnaissance.*

Plante du Pérou. Capitules énormes à disque contenant une infinité de pépins noirs. Rayons jaunes.

Variétés simples, doubles, à grandes et petites fleurs, annuelles ou vivaces. Le disque de cette fleur attire les mouches et les papillons, notamment celui que l'on nomme Vulcain.

Le tournesol proprement dit est du midi de la France. Ses feuilles et ses tiges donnent une couleur bleue aux teinturiers.

LE TOURNESOL.

Fable.

D'où vient donc, demandait un enfant à son père,
Que du beau tournesol la tige droite et fière
S'incline et suit, soir et matin,
Le lever du soleil ainsi que son déclin ?
— De la plante, mon fils, la conduite est fort sage ;
Car à son créateur elle sait rendre hommage.
Imite son penchant, et crois-en mon conseil :
Le soir, à ton coucher, dès l'aube, à ton réveil
Vers Dieu tourne aussi ton visage.

SORBIER. — *Prudence, séduction.*

Arbre indigène qui attire les oiseaux en raison de ses fruits d'un beau rouge corail. Feuilles composées de treize folioles ovales. Fleurs blanches légèrement odorantes.

SOUCI (Calendula). — *Peine, tourment, jalousie.*

Capitules d'un jaune plus ou moins vif. Feuilles allongées et fort douces au toucher. Fleurs simples ou doubles.

LA PETITE FILLE ET LES SOUCIS.

Fable.

— Grand-papa, voyez donc les jolis soucis d'or
Que j'ai pris dans les champs ! Pour en cueillir encor
Venez m'aider... et puis ensemble
Après nous les effeuillerons...
Le bon vieillard, dont la voix tremble,
Dit à sa fille aux cheveux blonds ;
— Effeuille, enfant, c'est de ton âge,
Les fleurs qui tombent sous ta main ;
Mais moi, je vis sans lendemain ;
Les ans sont des soucis... Je n'ai plus le courage
D'en cueillir un seul en chemin.

SPIRÉE. — *Indécision.*

Plantes ou arbustes à fleurs blanches rosacées, en panicules, en épis ou en large cime. Feuillages différents.

STATICÉE. — *Arrêt.*

Gazon indigène très-rustique et vivace. Fleurs à têtes roses, rouges ou blanches, portées sur des pédoncules fort grêles.

SUREAU. — *Écorce dure, cœur tendre.*

Arbrisseau indigène qui reprend facilement de bouture dans tous les terrains. Son bois vert contient une forte moelle. Il a un feuillage à cinq folioles ovales. L'ombelle de ses fleurs est large et très-odorante. Aux petites fleurs blanches de cette ombelle succèdent de petits fruits bacciformes qui fournissent une teinture comme de l'encre.

Les fleurs en médecine sont employées comme sudorifique.

TAGÈTE, ROSE D'INDE ET ŒILLET D'INDE. — *Amour-propre, présomption.*

Le grand œillet d'Inde et la rose d'Inde sont originaires du Mexique. Leur feuillage penné est d'un vert foncé, d'une odeur forte et persistante au toucher. Calices à grands capitules jaunes ou rouges veloutés, simples ou doubles. Variété naine.

THYM. — *Activité.*

Arbuste nain et très-odorant qui borde l'allée de certains jardins. Sa fleur est toute petite ainsi que sa feuille. On emploie le thym comme épice dans la cuisine.

TIGRIDIE. — *Cruauté.*

Plante bulbeuse à grandes fleurs jaunes tigrées de

pourpre à l'intérieur et d'une forme singulière. Elles représentent une coupe vers le centre. Les feuilles sont longues, plissées et pointues.

TILLEUL. — *Amour conjugal.*

Arbre de forme agréable dont les feuilles sont grandes et cordiformes. Fleurs jaunâtres, petites, mais d'une senteur agréable. Elles sont en grappes et ont toutes des bractées foliacées. Usage : tisane calmante.

TOMATE OU POMME D'AMOUR. — *Désir compris.*

Espèce de morelle originaire du Brésil. Ses fruits consistent en grosses baies rouges, luisantes, aplaties et partagées en côtes inégales. Elles sont vertes et dures avant leur maturité. Usage culinaire.

TOPINAMBOUR. — *Mérite contesté.*

Le topinambour est originaire du Brésil. Sa fleur est radiée ; ses racines sont tubéreuses et alimentaires. Son feuillage ressemble à celui des soleils. (Voir Pomme de terre).

TRÈFLE. — *Doute.*

Plante fourragère à feuille découpée. Elle est aussi plante d'agrément, et donne des épis d'un beau rouge qui durent longtemps.

TREMBLE. — *Agitation.*

Arbre de la famille des peupliers, à écorce grise, donnant beaucoup de rejetons. Il se plaît dans le sable.

Les Fourmis et la Chenille.

Fable.

Deux fourmis occupaient ensemble
Chacune un des côtés de la feuille d'un tremble,
Et discutaient sur sa couleur.
— Elle est blanche, vous dis-je ! — Elle est verte, ma sœur !
Une chenille alors, qui dormait sur la branche,
Se réveille et leur dit : — Dieu la fit verte et blanche ;
Mais on trouve partout des savants comme vous,
Qui se placent dessus pour juger le dessous.

Troène. — *Jeunesse.*

Arbrisseau indigène que l'on plante pour former une haie. Fleurs semblables à celles du lilas, mais plus petites. Feuilles lancéolées, baies noires.

Tubéreuse (Polianthes). — *Volupté.*

Oignon brun et allongé du Mexique. Grandes fleurs blanches, rosées, très-odorantes.

Tulipe. — *Grandeur, magnificence, déclaration d'amour.*

Les Hollandais se passionnèrent les premiers pour la tulipe. Cette plante bulbeuse a huit cents variétés d'élite. La fleur portée sur une hampe, représente un calice simple ou double, d'une seule nuance, panachée ou striée. Les Orientaux célèbrent la fête de la tulipe qui est fort en honneur chez eux.

L'Horticulteur et les Tulipes.

Fable.

Un amateur de fleurs cultivait, tous les ans,
Une variété de charmantes tulipes
Qu'il plantait avec goût, par ordre et par principes,
Et qui faisait enfin son plus doux passe-temps.
Un jour il entendit une tulipe blanche
Mépriser hautement chaque oignon de la planche.
— Que font à mes côtés ces fleurs de nul renom,
Dont la couleur trop vive ou trop mélancolique
Offre aux regards la veuve et la rouge impudique?
Pour moi, semblable au lis et fille du bon ton,
Je ne puis supporter la tulipe jonquille,
Et je hais sa nuance autant que sa famille.
Or, s'il en est ici de qui l'on soit épris,
Sans contredit c'est moi ; car moi seule ai du prix.
L'amateur lui répond : — L'amour-propre t'égare,
Et, si je t'écoutais, ma collection rare
Serait sacrifiée à ton ambition.
Pour toi je n'eus jamais de prédilection;
J'aime chaque tulipe et sa forme bizarre ;
Mais ce que j'aime encor, hé bien ! c'est l'union.
Vis donc avec tes sœurs ; qu'aucune ne t'irrite ;
C'est en société qu'on acquiert du mérite.

O vous ! jeunes littérateurs,
Dont le groupe nombreux est de mille couleurs,
N'héritez pas de la manie
De vouloir éclipser vos collaborateurs.
Exhalez des parfums d'amour et d'harmonie :
Le fiel de la critique empoisonne les cœurs.

TUSSILAGE OU PAS D'ANE. — *Fermeté, justice.*

Héliotrope d'hiver de l'Europe méridionale. Capitules en thyrse d'un blanc purpurin à odeur de vanille. Feuilles arrondies à long pétiole.

VALÉRIANE. — *Facilité.*

Fleurs rouges ou blanches en panicules très-garnies. Feuilles lancéolées. Racines d'une odeur désagréable, mais dont les chats sont très-friands. Plante employée en médecine.

VANILLIER. — *Entraînement sympathique.*

Plante exotique, à sarments grimpants qui produisent des gousses d'une saveur et d'un parfum des plus agréables et des plus recherchés. Usage pour la confiserie et les desserts.

VÉLAR (Barbarea). — *Hommage d'amour.*

Espèce de julienne indigène, rustique, à fleurs jaunes, en thyrse terminal.

VERGE D'OR (Solidago). — *Protégez-moi.*

Plante très-robuste et vivace à capitules jaunes en panicules.

VÉRONIQUE. — *Fidélité.*

Fleurs d'un bleu tendre en épi. Petites feuilles étroites et lancéolées. La plante forme des touffes très-garnies. Il existe aussi la véronique bleue et rouge en arbriseau qui est très-sensible à la gelée.

VERVEINE. — *Enchantement.*

Plante annuelle à laquelle les anciens attachaient des enchantements et des vertus prophétiques. Sa fleur en épi allongé est d'un violet pourpre.

La verveine rouge est vivace, rampante, à tiges grêles et diffuses. On en fait de fort beaux massifs dans les jardins. Variétés de toutes les couleurs.

VIGNE. — *Inspiration, gaieté, ivresse.*

Arbrisseau tortueux, d'une écorce ligneuse fort laide à la vue. Ses sarments sont d'un brun clair. Les bourgeons sont d'un beau vert garnis de vrilles et de feuilles larges, découpées et dentées. Ses fleurs sont composées de cinq petits fleurons. L'odeur de cette fleur est douce et bienfaisante. Le fruit ou raisin se compose de grains blancs ou noirs disposés en grappes, que l'on porte à la cuve pour faire le vin. On utilise les vrilles du raisin muscat pour donner bon goût au cassis. Le vin est tonique; c'est la meilleure des boissons et la plus fortifiante si l'on n'en abuse pas.

VIGNE ET FROMENT. — *Abondance, richesse.*

VIGNE-VIERGE. — *Stérilité.*

Arbriseau sarmenteux qui couvre les berceaux d'agrément. Feuilles découpées moins grandes que celles de la vigne productive.

VIOLETTE (Viola). — *Modestie.*

Touffe vivace à fleurs blanches ou violettes très-odorantes. Tiges rampantes, feuilles rondes qui ont comme la fleur des propriétés bienfaisantes.

La Rose et la Violette.

Fable.

Sous l'ombre d'un rosier, dont le bouton vermeil
Annonçait des roses coquettes,
Une touffe de violettes
Fleurissait à l'abri des ardeurs du soleil.
La rose en fut jalouse, et, se montrant hautaine :
— Oses-tu bien, petite fleur mondaine
Offrir tes parfums avant moi?
Moi la reine des fleurs! Les sujets tels que toi
Doivent courber le front quand le mien est voilé.
Un jardinier, comme juge appelé,
Mit fin à leurs propos, et voici son langage :
— Entremêlez votre feuillage,
Leur répond-il avec bonté;
La chose par mes mains fut ainsi répartie :
Il faut toujours que la beauté
Prenne pour sœur la modestie.

Vipérine (Echium). — *Justice.*

Née à Madère, la vipérine a les feuilles persistantes, rapprochées en rosettes. Elles sont en outre velues. Fleurs en grappes d'un beau bleu.

Volubilis (Pharbitis). — *Attachement.*

Plante annuelle, grimpante et plus robuste que le liseron des champs. Feuilles en cœur. Fleurs en campanules coquettement divisées à l'intérieur par la couleur blanche, rose, bleue ou violette.

YUCCA. — *Grandeur.*

Tige fort grosse. Feuilles allongées en forme de lance avec un dard. Pyramide de fleurs blanches renversées en forme de tulipes.

ZÉPHYRINE (Zephyranthes). — *Inconstance.*

Espèce d'amaryllis rose très-jolie.

ZINNIA. — *Simplicité.*

Le zinnia nous vient de la Louisiane. C'est une fort jolie fleur à disque jaune, et à rayon rouge vif, ressemblant par la forme à un œillet d'Inde simple. Variétés doubles.

FIN DE LA FLORE.

LE MARIAGE DE MA FILLE

NOUVELLE

I

Il fut un temps où j'avais un plaisir indicible à me promener sur les quais situés au centre de Paris, et j'avoue que toutes les fois que les circonstances m'y conduisent encore, je suis heureux d'y passer quelques instants à rêver et à voir couler l'eau entre le pont au Change et le Pont-Neuf.

J'aime les bibliothèques en plein vent qui se trouvent alignées sur les parapets, et qui sont indifféremment ouvertes pour les abeilles de la littérature aussi bien que pour les bourdons flâneurs de la capitale. Je prends volontiers avec eux ma part du butin que le hasard laisse à mes doigts distraits et quêteurs...

Un jour d'automne que j'avais butiné plus tard que d'habitude, je me dirigeais du côté de la place de l'Hôtel-de-Ville, en suivant le quai de la Mégisserie, non sans m'amuser encore à regarder, de distance en distance, la devanture toujours fleurie et parée des marchands grènetiers de ce quai, lorsqu'un gros monsieur, sortant de la boutique de l'un des marchands dont il s'agit, où il avait dû faire emplette de graines ou d'oignons à fleurs, se heurta sur moi assez violemment en voulant courir après l'omnibus qui mène sur la hauteur de Belleville. Je n'avais pas entendu rouler la voiture, sans quoi il est probable que je me fusse moi-même empressé d'aller au-devant d'elle, ayant aussi l'intention d'y monter ; mais un individu, plus leste que nous, se précipita dans l'omnibus, et le conducteur fit jouer le ressort de la plaque située au-dessus de son auvent, pour laisser apparaître sept lettres différentes de l'alphabet, et formant un mot connu, qui désespère tout voyageur privé de sa place, en l'obligeant à attendre, pour se caser, l'arrivée d'une autre voiture. Ce fut le parti qu'il me fallut prendre, et celui que prit aussi le gros monsieur décontenancé, qui, revenant sur ses pas, tout essoufflé et tout haletant, s'écria bientôt avec dépit :

— Ah ! mon Dieu ! j'ai perdu un de mes oignons !

A ce mot d'oignon, je regardai les pieds formidables du monsieur en question, et je ne pus m'empêcher de rire ; mais, me souvenant alors qu'il tenait à la main plusieurs petits objets enveloppés à sa sortie de la boutique du grènetier, je compris que, dans son mouvement de départ précipité, il se pourrait qu'il eût fait tomber quelque oignon de tulipe ou de jacinthe, et je lui offris complaisamment de le rechercher avec lui. J'eus le bonheur de rencontrer l'oignon égaré, non loin du trottoir, au moment même où le courant du ruisseau allait l'entraîner, et je le remis à son propriétaire, dont le visage épanoui rayonna subitement comme le plus beau soleil à pépins du Jardin des Plantes.

— Monsieur, me dit-il en m'adressant mille remerciments, vous ne sauriez croire comme je vous sais gré de votre attention. Cet oignon est précisément celui d'une tulipe sans pareille, qui m'a coûté jadis bien des regrets, et que j'aurais été vexé de perdre une seconde fois.

— Son prix est donc élevé? demandai-je à l'amateur.

— Elle me coûte moins cher, répondit-il, que j'aurais aimé à la payer dans un temps, mais assez cependant pour qu'on l'estime encore aujourd'hui, puisque l'oignon chétif que vous voyez m'a coûté dix francs.

— C'est, en effet, un prix plus que raisonnable! m'écriai-je, et je serais vraiment curieux de connaître la fleur extraordinaire de cet oignon.

— La fleur n'est rien, monsieur, bien qu'elle soit des plus belles; mais ce qui captiverait davantage votre attention, fit mystérieusement l'amateur, c'est l'histoire de cette fleur, si j'avais le temps de vous la raconter.

— L'histoire d'une fleur! vous m'intéressez tout particulièrement.

— Oui, monsieur, cet oignon renferme toute une histoire véritable; mais... j'aperçois un omnibus qui me paraît être celui qui doit m'emmener, et je vous présente mes très-humbles civilités...

II

J'avais laissé le gros monsieur s'élancer dans la voiture et s'y placer au fond de son mieux avec ses oignons ; mais comme il se trouvait une place pour moi à l'entrée, je ne crus pas devoir en faire fi, et j'en pris à l'instant possession.

Je passai mes trente centimes au conducteur ; le gros monsieur en fit autant. Or, j'étais assis du côté qui lui faisait face, je pouvais l'examiner à loisir, et je reconnus que son nez supportait toute une végétation de tubercules, qui semblait s'accorder avec ses goûts d'horticulture. Je ne pus donc m'empêcher de le regarder souvent ; il me reconnut, et me fit un petit salut amical.

A la première vacance près de lui, ce qui ne tarda pas, j'allai m'y installer, et comme, après les promenades sur les quais, j'affectionne parfois les causeries en omnibus, j'entamai le premier la conversation avec mon voisin l'amateur. Après la pluie et le beau temps, j'arrivai tout naturellement à lui parler jardinage, et je le ramenai sur le chapitre des fleurs. Il ne manqua pas de m'apprendre qu'il mettrait prochainement en terre les oignons de ses tulipes, pour leur donner le temps de faire leur chevelu avant les gelées ; et, en me faisant part de ses projets, il prenait le plus grand soin de l'oignon mystérieux, auquel il semblait accorder toute sa protection.

— Si j'osais, monsieur, lui dis-je, je vous prierais de vouloir bien me raconter l'histoire de cet oignon, puisqu'il est cause de notre rapprochement et de notre causerie familière.

— Très-volontiers, car je ne doute pas, me répondit-il, que cette histoire vous intéresse, si vous êtes aussi amateur de fleurs que moi.

J'inclinai la tête de son côté pour lui faire comprendre que je pouvais avoir aussi la même faiblesse humaine, laquelle ne laisse pas, si elle est parfois coûteuse, de nous procurer ses charmes et ses jouissances, et j'écoutai attentivement mon grave narrateur.

— Il y a à peu près une vingtaine d'années, des affaires commerciales m'avaient obligé de me fixer à Gand, et j'avais loué, dans l'un des faubourgs de cette ville, une charmante petite maison de campagne à laquelle était attenante un vaste jardin. J'y occupais mes loisirs à la culture des plantes d'agrément.

Mon grand bonheur, car chacun a le sien, consistait, dans mon temps perdu, à passer de longues heures chez les horticulteurs, mes voisins, et j'y aurais volontiers oublié celle de mes repas, lorsqu'il s'agissait de voir bouturer, empoter ou dépoter une foule de petits arbustes de serre et de pleine terre.

J'allais souvent chez le père Van Houtte, qui possédait une collection de beaux géraniums, et j'y trouvais aussi quelquefois son ami Thibaut, qui s'entendait parfaitement à la culture des oignons de tulipes et de jacinthes.

Les deux horticulteurs se réunissaient tous les dimanches dans l'après-dînée pour fumer la longue pipe de terre et boire la chope de bière froide du pays. La réunion avait généralement lieu chez Thibaut, et Marguerite, c'est ainsi que se nommait la fille de ce dernier, était chargée, ce jour-là, du soin de remplir les chopes dès qu'elles étaient vides. Son père ne lui reprochait jamais de descendre trop souvent à la cave.

Van Houtte avait un fils, appelé Léopold, qui aimait de tout son cœur et de toute son âme la belle Marguerite, et il lui tenait compagnie pendant que les deux amis jouaient aux cartes.

De temps en temps, Thibaut jetait un œil de côté pour observer en silence les mouvements de sa fille, et sans que les jeunes gens se doutassent qu'on les examinait; mais il ne trouvait jamais l'occasion de les gronder. Ils vivaient tous deux de cet amour sage et contemplatif, qui se traduit seulement par une main dans une main, ou un genou poussant doucement un genou, pour dire à l'autre : Je suis là !

Léopold n'était pas hardi ; c'était un beau jeune homme, doué de bons sentiments, et ne manquant pas de certain esprit naturel qui plaisait à tout le monde; mais, lorsqu'il s'agissait de parler à Marguerite, il devenait timide, et se contentait de lui faire comprendre par son regard ce qu'il lisait lui-même dans les yeux de la jeune fille, qu'il admirait comme la plus noble créature de la Belgique.

Il n'avait pas tort : Marguerite était une jolie brune, dont l'œil vif renfermait le velours de la pensée la plus douce, et je confesse que si je n'avais pas été passionné en tout temps pour les fleurs, j'eusse bien pu devenir amoureux de cette fille, au risque de la voir repousser mes propositions.

Un jour, Van Houtte se trouvant seul avec Thibaut, lui tint ce discours :

— Voilà bientôt deux ans que nos enfants se recherchent et qu'ils semblent avoir l'un pour l'autre l'amitié la plus tendre. Je serais d'avis aujourd'hui, que nous pouvons causer sans témoins, que vous me fissiez connaître vos intentions, et si je dois compter sur une promesse de mariage entre Léopold et Marguerite.

— Mon ami, répondit Thibaut, je suis tout disposé à accorder la main de ma fille à votre fils ; mais, vous le savez, je n'ai point de fortune, et je ne saurais, quant à présent, donner une dot à Marguerite.

— Thibaut, je ne pense pas que telles soient vos intentions ; s'il en était ainsi, je regretterais que nos enfants se fussent connus. Je persiste donc à croire que vous devez avoir quelques économies en réserve.

— Je n'ai rien, mon cher Van Houtte, je vous le répète avec regret ; mais plus tard, j'ai l'espoir...

— L'avenir ne satisfait pas aux exigences du présent, reprit vivement le père de Léopold. Rien, c'est trop peu pour mon fils, qui possède quelque chose. J'entrevois, d'après les aveux que vous venez de me faire, qu'il serait sans doute prudent, pour vous comme pour moi, de mettre fin, je ne dis pas immédiatement, mais le plus tôt possible, à des liaisons qui pourraient devenir dangereuses pour nos enfants. Il ne manque pas, du reste, de simples marguerites dans les champs, et mon fils a le temps de faire un choix parmi elles.

Thibaut ne releva pas le mot blessant. Il se contenta de froncer le sourcil, et dit à Van Houtte :

— Cessons donc, dès ce soir, nos réunions habituelles, dans votre intérêt *seul* et non pas dans le mien. Je vous demande seulement de ne pas rompre les relations qui seront toujours rattachées à notre commerce et à notre bon voisinage.

Et ils se séparèrent en se tendant froidement la main.

III

Cette rupture inattendue jeta le trouble et la désolation dans l'âme de Léopold et de Marguerite qui, depuis longtemps habitués à se réunir le dimanche, ne pouvaient comprendre qu'on les en privât en les séparant l'un de l'autre d'une manière aussi brusque.

Ils inventèrent mille moyens de se voir et de se communiquer leurs tristes pensées d'amour, en cachette de leurs parents; mais, lorsque le père Van Houtte surprenait son fils à la porte de Thibaut, il faisait cesser l'entretien avec Marguerite, et coupait court aux larmes de tendresse que Léopold pouvait répandre, en l'engageant à aller mouiller dans la serre les pots de géraniums.

Léopold regagnait alors lentement le logis paternel où l'ouvrage ne manquait pas ; et de son côté, Marguerite, le cœur gros, se livrait en soupirant aux soins que réclamaient les tulipes du père Thibaut. Celui-ci disait doucement à sa fille :

— Courage, mon enfant; ne néglige pas les fleurs qui nous font vivre, et le bon Dieu te récompensera un jour de tes peines...

Or, il y avait dans les environs de Gand un jeune Anglais fort riche et grand amateur de fleurs, qui entendit parler de Thibaut et de ses tulipes.

Il fit bientôt connaissance avec l'horticulteur et le jardin, où il fit choix d'un certain nombre d'amaryllis, de jacinthes et d'autres oignons à fleurs. Il pria ensuite Marguerite, pour laquelle il se montra d'une gracieuseté française, de vouloir bien les lui envoyer sans retard à son château ; puis il glissa une pièce d'or dans la main de la jeune fille et disparut.

Peu de jours après, il revint voir le père Thibaut, le remercia de son envoi, et ne manqua pas de faire un nouveau choix parmi les plantes qui lui furent offertes. Il distingua plusieurs tulipes qu'il ne possédait pas, dit-il, dans sa collection, et il les fit enlever séance tenante, après les avoir payées généreusement.

Mais, en parcourant le jardin, ayant remarqué une platebande composée de tulipes non fleuries encore, et où l'une d'elles élevait seule sa tige droite et fière, il en demanda l'explication au père Thibaut.

— Milord, dit le jardinier, cette planche de tulipes vous représente un semis que j'ai fait il y a trois ans, et je n'espère pas, quant à présent, pouvoir montrer de leurs fleurs. Vous les voyez, elles n'ont point de boutons, à l'exception de celle que vous apercevez au milieu du massif, et que j'ai mise à dessein dans un pot pour l'enlever au besoin. J'ai fondé sur cette tulipe le plus grand espoir, bien qu'elle ait été décapitée l'an dernier par un maudit chat qui s'est élancé sur elle et m'a empêché de juger complètement de sa forme et de sa couleur.

Aussitôt, l'Anglais se baissa pour examiner de plus près le port de la plante, et il exprima sa froide admiration par des mots tels que :

— Oh ! oh ! il être bien belle et bien majestueux...

Puis, prenant un air sévère, il demanda ce qu'était devenu le chat coupable.

— Milord, il s'est sauvé, répondit naïvement l'horticulteur.

— Lui, sauvé ! oh ! le chat, il être bien heureux d'être né en Belgique ; en Angleterre, on eût pendu le scélérat.

Notre Anglais, après cette sortie virulente, se pencha de nouveau avec calme au-dessus de la tulipe, dont il chercha à deviner la couleur non apparente, et il promit de revenir le lendemain et les jours suivants, s'il le fallait, pour assister à l'éclosion de la fleur et à sa parfaite coloration.

Il tint parole, en effet, et, chaque jour, il passait des heures entières à admirer les progrès peu sensibles d'un bouton verdâtre, dont le soleil de mars ne hâtait pas l'épanouissement.

IV

Léopold, qui avait eu vent des visites multipliées de notre Anglais, était, à ce qu'il paraissait, sur les épines, et son caractère tant soit peu ombrageux, comme celui de beaucoup d'hommes, mettait son imagination à la torture.

Il ne put cacher sa jalousie lors d'une entrevue secrète qu'il eut avec Marguerite, et il lui dépeignit, au milieu de ses tourments cruels, l'aversion qu'il avait conçue pour l'inconnu.

Marguerite le rassura de son mieux, en lui faisant savoir que les fleurs occupaient uniquement le jeune visiteur, devenu le client de la maison; mais Léopold fit la sourde oreille.

—Je soutiens, dit-il, que ce coquin d'Anglais a des vues sur vous, et que ses intentions sont bien différentes de celles que vous lui prêtez. Il paye généreusement, je le sais, les plantes inutiles qu'il vous achète; mais je ne suis pas la dupe de ses acquisitions réitérées qui n'ont d'autre but que celui que vous feignez d'ignorer.

— Je vous jure sur la médaille de sainte Marie, que je porte au cou, répliqua Marguerite, qu'il n'existe rien de ce que vous supposez, et que quand bien même le monsieur qui vous offusque mettrait toutes ses richesses à mes pieds, je ne consentirais point à accueillir la demande qu'il aurait à me faire, attendu que son visage garni de favoris rouges me déplaît autant que les grandes jambes de sauterelle qui supportent son corps.

— Je partage entièrement votre opinion à cet égard, et je veux bien croire à vos bons sentiments pour moi, ma chère Marguerite ; mais je vous préviens que j'épierai la conduite de l'individu et que, s'il le faut, je veillerai au grain...

Léopold, qui maigrissait à vue d'œil, et qui s'était mis dans la tête qu'il avait un rival, ne manqua pas d'accomplir la promesse qu'il avait faite de le surveiller, et, l'ayant surpris un matin comme il sortait de la maisou du père Thibaut, il se plaça sur la route hardiment devant lui.

— Bonjour, milord ; exclama-t-il fièrement.

— Bien le bonjour. Je connaissais pas vous.

— C'est possible, milord : mais moi, je vous connais, et je voudrais bien savoir pour quel motif vous venez aussi souvent chez le père Thibaut ?

L'Anglais lui répondit avec un flegme inimitable :

— Je venais là, parce que ça contentait moi !

— Je n'en ai jamais douté, milord ; c'est pourquoi je vous invite à diminuer le nombre de vos visites, et à respecter surtout ma Marguerite, on sinon vous aurez affaire à moi.

— Je m'occupais pas de marguerites, repartit sèchement l'Anglais.

Puis, s'étant mis à siffler tout naturellement et sans aucun émoi, il tourna le dos à son agresseur, en mettant sa petite canne pliante sous le bras et ses deux mains dans les poches de son gilet jaune.

Léopold resta tout décontenancé, et regarda l'Anglais partir avec une certaine satisfaction ; mais la rancune faisant tout aussitôt place au plaisir de le voir s'éloigner, il grommela quelque chose entre les dents, et il lui montra le poing comme Jean Bart.

V

Le gros monsieur aux oignons continua sa narration en ces termes :

Un matin que j'étais chez Van Houtte, je vis accourir vers nous le père Thibaut, le visage épanoui, et qui, ne pouvant contenir un sentiment de bonheur surnaturel, s'écria spontanément :

— Je l'ai trouvée enfin ! je l'ai trouvée !

Je ne pus m'empêcher de sourire en entendant le brave horticulteur pousser une exclamation qui me rappelait celle tout à fait semblable prêtée à Archimède, et je le regardais avec étonnnement, lorsque Van Houtte le pria de nous faire connaître ce qu'il avait trouvé de si extraordinaire pour être si joyeux.

— Une tulipe double, messieurs, une tulipe sans pareille !

— Et de quelle couleur est cette tulipe, demandai-je ?

— Blanche, panachée cerise. Quant à la forme de la fleur, elle est de toute beauté : ses pétales arrondis sont aussi fournis que ceux d'une pivoine prête à s'ouvrir.

— Vous piquez vivement ma curiosité, dis-je à Thibaut. Si votre tulipe est telle que vous la dépeignez, non-seulement je suis désireux de la voir, mais je serais heureux de la posséder.

— Je n'ai jamais refusé, répondit l'horticulteur, de vous livrer toutes les plantes que j'ai obtenues de semences ou non, et qui ont pu vous plaire ; mais ma nouvelle tulipe, en raison de sa rareté, ne sortira pas de chez moi à moins d'un certain prix.

— J'entends bien vous la payer un prix convenable, dis-je à Thibaut ; toutefois, il serait bon auparavant de juger la plante de nos propres yeux.

— A merveille ! messieurs. J'attendrai donc l'honneur de votre visite.

— Nous vous suivons, Van Houtte et moi, répondis-je à l'horticulteur.

Nous nous rendîmes alors dans le jardin de Thibaut, et là nous fûmes convaincus que l'éloge qu'il nous avait fait de sa tulipe n'était pas exagéré.

— Ah ! m'écriai-je, je ne suis pas de ces gens qui décrient l'objet dont ils ont envie, afin de pouvoir l'acheter à vil prix. Thibaut, votre tulipe est admirable !

Van Houtte répéta la même chose, et ajouta :

— Mon cher, il faut vendre votre tulipe, mais après l'avoir exposée aux regards des amateurs.

— Et je ne la livrerai, reprit Thibaut, qu'après l'avoir propagée.

— Vous n'y songez pas, lui dis-je. Pour multiplier l'oignon de votre tulipe, il vous faudra plusieurs années, et vous n'êtes pas certain, quand vous aurez atteint ce but, de vendre tous les oignons réunis le prix que vous pourriez en trouver d'un seul dès à présent. Voyons, laissez-vous tenter..... Je vous offre cinquante francs de votre tulipe double. C'est dix fois la valeur de certaines tulipes que vous m'avez vantées comme étant les plus rares de la contrée.

— Cinquante francs sont bons à prendre, j'en conviens,

répondit Thibaut; mais je désire attendre encore quelques jours avant de me décider à conclure ce marché.

Je vous comprends, répliquai-je ;-vous attendez sans doute l'arrivée de l'Anglais pour lui proposer votre tulipe.

— Je ne vous cache pas, reprit Thibaut, qu'il en est aussi amoureux que d'une jeune fille. Ce qui m'étonne, c'est qu'il ne soit pas venu ce matin lui rendre sa visite accoutumée.

Comme l'horticulteur achevait de parler, nous vîmes entrer l'Anglais, que nous reconnûmes de loin à son gilet jonquille.

Il passa près de nous sans nous saluer, et se dirigea du côté opposé à celui où nous nous trouvions, afin de pouvoir examiner à son aise la tulipe dont le calice, légèrement ouvert, était mollement balancé par le zéphyr. Là, s'étant mis à genoux devant elle, nous comprîmes à ses gestes qu'il était captivé, cette fois, par l'admiration la plus grande.

Quand il eut contemplé longtemps la fleur, il se releva gravement, et dit d'un ton assez impérieux :

— Je voulais acheter tout de suite le tulipe que voilà.

— Milord, répondit Thibaut en me désignant, monsieur, avec lequel je suis en pourparler, m'en a offert cinquante francs.

— Eh bien! moi, je en donnais le double repartit l'Anglais.

Une satisfaction intérieure vint alors éclairer les yeux de Thibaut, qui me regarda d'une façon joviale.

Je me mordis les lèvres, contrarié que j'étais de la supériorité de l'offre ; mais, renfermant en moi mon mécontentement, je m'écriai :

— Par ma foi! je ne mourrai pas pour payer une tulipe cent francs, mes moyens me permettent de l'acheter ce prix-là. Mon or vaut bien au surplus celui de monsieur, et puisque j'ai marchandé le premier la fleur, je demande que la préférence me soit accordée.

— Non, répéta plusieurs fois l'Anglais avec acharnement, pas de préférence : moi avant tout.

Nous partîmes d'un éclat de rire à cette sublime sortie; mais Thibaut cessa d'épancher sa joie lorsqu'il vit l'Anglais s'élancer dans le carré de tulipes au risque de les saccager toutes pour s'emparer de celle qu'il voulait avoir.

— Un instant, milord, un instant, calmez-vous! exclama Thibaut. Si la France et l'Angleterre s'établissent en concurrence, nous, la Belgique, nous sommes pour l'entente cordiale.

— Compris, fit l'Anglais. En ce cas, battons-nous loyalement : je boxais moi avec monsieur pour gagner le tulipe.

— Il y a une chose plus noble que celle que vous proposez, milord, dit Van Houtte. Mon voisin Thibaut, je le suppose, ne veut livrer sa tulipe qu'autant qu'il aura la certitude qu'elle lui survivra, et qu'elle occupera une place et un nom dans le catalogue d'horticulture.

— Ce sont effectivement mes intentions, dit Thibaut.

— Convenons donc de nos faits, reprit Van Houtte. Il faut mettre en vente cette tulipe, à la condition que la vente aura lieu aux enchères publiques, et que celui qui deviendra l'acquéreur de la plante la livrera, au bout de dix ans au commerce.

— La proposition me convient, répondit Thibaut.

— Je consentais, fit l'Anglais.

— Et moi, j'accepte, dis-je à tous deux.

VI

On fit savoir, par la voie des journaux et au moyen d'affiches, le jour où s'accomplirait la vente de la fameuse tulipe. L'exposition en eut lieu dans l'une des salles basses que Van Houtte prêta complaisamment à son voisin Thibaut.

Une espèce d'étagère fut élevée pour mettre la plante en évidence, et on l'accompagna d'une certaine quantité de petites fleurs insignifiantes, telles que crocus, tulipes Duc-de-Tholl et autres de peu de valeur, pour faire ressortir l'éclat de leur reine, dont le vase, entouré de mousse, trônait triomphalement au sommet du gradin.

L'Anglais se serait volontiers constitué le gardien du trophée d'exposition; mais on n'en laissa personne approcher, si ce n'est au moment même de la vente.

Il y eut un grand nombre d'amateurs présents à la réunion, parmi lesquels il était facile de remarquer, à leur costume, plusieurs horticulteurs flamands, venus des pays limitrophes de Gand pour assister aux débats de la vente. A un signal donné, elle fut ouverte.

On n'avait pas fixé le taux des enchères; mais on devait débuter par cent francs, la première offre que l'Anglais et moi nous avions faite au propriétaire de la tulipe.

— A cent francs! dit le crieur.

— Deux cents! répondit une voix dans l'assemblée.

— Trois cents! murmura l'Anglais.

Mon amour-propre se trouvait en jeu, car chacun savait que j'étais le concurrent de l'Anglais, et comme je ne me souciais pas de baisser pavillon devant lui, je mis cent francs de plus sur l'enchère.

— A quatre cents francs! répéta le crieur.

— Cinq cents! roucoula froidement l'Anglais.

— Six cents! dis-je en m'animant.

— Sept cents! reprit l'Anglais.

— Huit cents! répliquai-je avec feu.

La même voix que nous avions déjà entendue dans la salle retentit cette fois par ces mots :

— Mille francs!

— Ah! ah! dis-je tout haut, si les enchères vont actuellement par deux cents francs, la journée sera chaude.

— Cela est égal à moi, répondit l'Anglais. Je avais froid, et l'argent ne tenait pas chaud à la poche à moi; je voulais dégarnir elle. Je ajoutais donc cinq cents francs aux mille qu'on avait offerts.

— Deux mille francs! dit la voix inconnue.

Je me piquai d'honneur, et à mon tour, je m'écriai :

— Trois mille!

L'Anglais battit un moment le tambour avec ses doigts sur la basque de son gilet; puis avançant le menton en avant, il ouvrit convulsivement la bouche, et, dédaignant de se tourner de mon côté :

— Je donnais, dit-il, deux mille francs en plus!

— A cinq mille francs la tulipe! Met-on au-dessus? demanda le crieur.

— Je mets mille francs! dis-je en m'acharnant à la lutte.

— Dix mille francs! répliqua l'Anglais, qui commençait à s'échauffer.

Quant à moi, j'étais en nage, et l'eau me ruisselait de tous côtés. Est-il possible, me disais-je à moi-même, qu'un Anglais me dame le pion? Non, cela n'est pas supportable!

— Douze mille francs! m'écriai-je avec rage.

— Il y avait marchand à vingt mille, fit l'Anglais avec des mouvements nerveux et impossibles à dépeindre.

A cette enchère inattendue, tout le monde se regarda, et il y eut un moment de silence profond. L'Anglais en profita pour porter un petit lorgnon carré à l'œil droit, et s'assurer de loin si la tulipe, ses amours, ne lui avait pas été enlevée. L'ayant vue, il parut satisfait de la retrouver à la même place.

— A vingt mille francs! répéta le vendeur.

La même voix qui était venue mettre des surenchères aux nôtres s'étant fait entendre alors tout près de moi, je la reconnus pour celle du fils de Van Houtte, qui, plus acharné que moi après l'Anglais, s'écria :

— Vingt et un mille!

Les bras me tombèrent, je l'avoue, non-seulement en reconnaissant Léopold, que je ne croyais pas de la partie, mais en outre parce que l'enchère me parut ranimer une lutte que je désirais voir finir. Je m'avouai donc vaincu.

— Eh bien! vingt-cinq mille francs! fit bruyamment l'Anglais.

La tulipe lui fut adjugée... Il paya sur-le-champ Thibaut en bons billets de banque; puis il fendit la foule, et s'empara de la plante par un mouvement précipité, aux acclamations de tout l'aréopage.

Il était sorti de la salle, lorsque, revenant tout à coup sur ses pas, il demanda à Thibaut comment on appellerait la tulipe qu'il devait, suivant les conditions du marché, livrer au commerce à l'expiration de dix années.

— Je la nomme dès à présent : *le Mariage de ma fille,* répondit Thibaut, si mon ami Van Houtte approuve ma détermination.

— Je n'ai aucun motif pour vous désapprouver, repartit Van Houtte, et si nous consultons nos enfants, je crois qu'ils seront du même avis.

— J'en suis assuré en ce qui concerne ma fille, reprit Thibaut.

— Et moi, dit Léopold, maintenant que ma vengeance est assouvie, je cours embrasser Marguerite, qui ne m'en voudra sans doute pas d'avoir contribué à l'accroissement de sa dot. Adieu, milord, et sans rancune !

— Oh ! je étais sans rancune, du moment que je emportais avec moi mon tulipe, et que je étais resté le plus fort.

L'Anglais partit avec sa fleur, Léopold avec Marguerite ; il n'y eut que moi qui n'eus pas part au bouquet de la fête. Aussi n'assistai-je point à la noce, à laquelle on voulut bien m'inviter...

Voilà, monsieur, l'histoire de cette tulipe que je possède à vil prix aujourd'hui, et qui m'a causé des moments d'angoisses et d'agitation, il y a vingt ans. Je restai dix ans sans me la procurer, tant mon cœur fut navré de l'échec que le maudit Anglais m'avait fait éprouver avec l'aide de Léopold...

Je remerciai le gros monsieur aux oignons de son intéressante communication, et nous nous quittâmes, moi pour trouver une place dans l'omnibus de la côte de Belleville, et lui pour monter dans celui qui mène au village de Romainville.

TABLE ALPHABÉTIQUE

DE LA FLORE.

FIN DE LA TABLE.

Clichy. — Imp. Maurice Loignon et Cie, rue du Bac-d'Asnières, 12.

EXTRAIT DU CATALOGUE.

MANUEL DE L'OISELEUR ou l'art de prendre, d'élever, d'instruire les Oiseaux et autres animaux d'agrément, en volière, en cage ou en liberté, de les préserver et guérir de toutes maladies. 1 vol. illustré de 31 pl. .... 75 c.

TRAITÉ DE LA NATATION, où l'Art de nager est démontré avec la plus grande précision, suivi d'observations sur l'influence des bains sur la santé, avec planches........... 50 c.

LES POULES FRANÇAISES ET ÉTRANGÈRES, de leur éducation et des moyens d'en doubler la production ; ouvrage illustré de 27 belles planches, par P. Ch. Joubert....... 1 fr.

MOISSON DES FLEURS DU BIEN, 1 vol. format Charpentier. Prix.................................... 1 fr.

GUIDE DES BAIGNEURS AUX EAUX, 1 vol. in-8°, par Renaud. Prix.................................... 50 c.

DE LA SANTÉ ET DU BONHEUR, petit cadeau à faire à des amis, 1 vol. in-18, par J.-M. Bidault. Prix.......... 50 c.

LE TRÉSOR DES RECETTES UTILES ET DE GASTRONOMIE. Un volume.................................. 50 c.

ÉLÉMENTS DE CHIMIE. In-18 .... 1 fr.

ÉLÉMENTS D'AGRICULTURE théorique et pratique. 3 v. in-18.. 3 fr.

CROISEMENT DE LA RACE CHEVALINE, par Klein, 1 vol. in-8.. 1 fr.

L'ART VÉTÉRINAIRE mis à la portée des cultivateurs. 2 vol. in-18°.. 2 fr.

LA CUISINE HYGIÉNIQUE, confortable et économique, à l'usage de toutes les classes de la société : *La préparation, c'est tout.* — 1 vol. gr. in 32............................ 1 fr.

ÉTUDES HYGIÉNIQUES sur la santé, la beauté et le bonheur des Femmes. Hygiène du cœur, de l'âme et du corps, pendant la jeunesse, l'âge critique, la vieillesse, le célibat, le mariage et les maladies. Guide pour le choix spécial à chaque tempérament, de la nourriture, de l'habitation, des vêtements, des bains et des professions. 100 *secrets* de toilette pour entretenir ou rétablir la beauté de la peau, des cheveux, des dents, des pieds et des mains, etc., par V.-R. Maquel, docteur-médecin de la faculté de Paris. — Un joli volume, 2e édition. 1 fr.

FLORE MÉDICINALE, doses, préparations, etc., 48 jolies plantes ; noires, 80 c., coloriées........................ 1 fr.

PLUS DE FRAUDE ! Les Falsificateurs dévoilés, ou l'Art de reconnaître, par des procédés simples, infaillibles et sans le secours de la chimie, les altérations et les falsifications de toutes les *substances alimentaires*, solides et liquides, et de les rétablir dans leur état primitif. 1 vol....................... 1 fr.

PARIS NEUF, descriptions historiques, pittoresques ; ouvrage orné de nombreuses gravures. 1 vol. gr. in-8° jésus, au lieu de 6 fr... 3 fr.

VOYAGE A MON BUREAU, par Poisle-Desgranges, 1 vol. format du Savoir-Vivre, orné d'une vignette........... 1 fr.

NOUVELLES EN WAGON, par Poisle-Desgranges, 1 vol. format du Savoir-vivre...................................... 1 fr.

ERREURS JUDICIAIRES, ses déplorables effets, les avocats Jules Favre, Picard, Vermorel, etc., falsification de la Vérité. 1 vol. in-8... 1 fr.

BOUQUET DE PENSÉES, par Poisle-Desgranges. 1 vol. gr. in-18°, sur papier de luxe, avec gravure.............. 75 c.

RÉCITS D'UNE JEUNE FILLE RUSSE, par Charlotte de Vigné. 1 joli vol. illustré.................................... 1 fr.

UNE HEURE D'ENFER, par E. Acloque. 1 vol. format nouveau... 50 c.

LE NOUVEAU DÉCAMERON DES JOLIES FEMMES. 1 vol. illustré.. 50 c.

HISTOIRE DES CAFÉS DE PARIS, leur influence sociale et hygiénique, etc., par Marc Constantin. 1 joli vol.... 50 c.

LES SONGES EXPLIQUÉS, suivis de l'Art de tirer les cartes et de Prédictions pour chaque mois de l'année. In-18°.. 25 c.

dèles de lettres de commerce, billets à ordre, lettres de change, traites, bordereaux, comptes courants et de tous les actes commerciaux, depuis la quittance jusqu'aux actes de société. Système métrique et ses rapports avec les anciens poids et mesures. Tableau d'escompte et d'intérêts de 1 à 100,000 francs, etc., suivie du Précis de législation commerciale, usuelle, par C. Prévostini, professeur de tenue de livres et de comptabilité. 1. vol.. 1 fr.

LE PROMPT COMPTEUR DES INTÉRÊTS......... 25 c.

TABLES DÉCIMALES, ou Comptes résolus. 1 fort. vol. in-8o.. 1 fr.

TRAITÉ DU CAPITALISTE, Tableau synoptique d'escomptes et d'intérêts pour toutes les sommes, tous les taux, etc.. 25 c.

HISTOIRE NATURELLE DES PAPILLONS, suivie de la manière de s'en emparer, de les conserver en collections inaltérables, et du Calendrier du Chasseur de Papillons, Chenilles et autres Insectes. 1. vol. in-8o, orné de 16 planches. Noir. 3 fr. — Colorié.. 5 fr.

LE PARFAIT LANGAGE DES FLEURS, d'après les meilleurs auteurs anciens et modernes ; de leurs propriétés, etc., 1 joli vol. illustré. Noir. 1 fr. — Colorié.............. 1 fr. 50

HISTOIRE NATURELLE DES PAPILLONS, ornée de 210 figures. 1 vol. format Charpentier. Prix en noir : 5 fr. — En couleur.. 9 fr.

LA NAVIGATION AÉRIENNE EN CHINE, par Delaville-Dedreux. 1 vol., avec planches.......................... 1 fr.

MANUEL DU FLEURISTE, ou l'Art de faire les fleurs en papier, orné de 12 planches.......................... 75 c.

PERFECTIONNEMENT DE L'ESPÈCE HUMAINE : Beauté, force, santé, etc. 1 vol., par V. Maquel, docteur-médecin.. 2 fr.

COLLECTION A 50 C.

MANUEL des Peinture, sans maître, à l'aquarelle, à la gouache, sur verre, orientale, etc.

MANUEL de la Sculpture, du Mouleur, imitation des laques chinoises et japonaises, etc., sans maître, avec planches d'étude.

— de Perspective et de Géométrie, avec planches.

— du Dentiste, à l'usage des familles pour l'entretien et la conservation des dents, suivi d'un Traité de parfumerie, etc.

— du Pianiste et du Plain-Chant.

— du Musicien et du Chant.

— de la Broderie, du Crochet et du Filet, suivi des meilleurs moyens pour faire ses robes, de maximes choisies et de miscellanées.

— du Tricot à l'aiguille, au cadré, à la baguette, au clou, au crochet, etc.

— de la parfaite Couturière, avec planches et patrons.

— de la Lingère, avec planches et patrons.

— de la Blanchisseuse en tous genres.

— de la Toilette ; guide des dames et des demoiselles, avec recettes utiles.

— du Médecin et du Pharmacien ; formules et recettes utiles.

— des Tableaux de l'Histoire littéraire universelle.

— du Jardinier.

— Guide des Mères de famille.

— Sur le Choix d'une carrière.

— Livre des saintes Patronnes.

— du parfait Domestique.

— Physiologie du Jeu de Billard.

— Description du Barillet, producteur du mouvement.

HISTOIRE DE LA STATUAIRE ANTIQUE, son origine, ses développements et sa décadence chez les différents peuples, par L. Vaffier. Origine des statues. — Chez les Assyriens, les

Egyptiens, les Hébreux, les Troyens, les Grecs et les Perses, les Carthaginois, les Etrusques et les Romains, les Celtes ou anciens Gaulois. 1 vol. gr. in-18. Prix .... 3 fr.

TRAITÉ GÉNÉRAL DES PEINTURES A L'EAU : GOUACHE, LAVIS A L'ENCRE DE CHINE pour l'architecture en couleurs, pour les cartes et plans topographiques; — la sépia; — la détrempe; — la fresque; — la miniature sur papier, carton, ivoire, bois, parchemin, peau de vélin, étoffes, soie, velours, etc. 1 vol. in-8°..... .... 1 fr.

MANUEL VULGARISATEUR DES CONNAISSANCES ARTISTIQUES. 1 volume orné de 18 planches........ 1 fr.

LE DESSIN EXPLIQUÉ, mis à la portée de toutes les intelligences. 1 vol. in-8°, orné de 30 sujets d'étude......... 1 fr.

L'AQUARELLE ET LE LAVIS, par Goupil. 1 vol. in-8° avec planches.. 1 fr.

LE PASTEL, par Goupil. 1 vol. in-8°, avec planches .... 1 fr.

PEINTURE SUR PORCELAINE dure, tendre, émail, miniature, faïences, verre, etc., procédés perfectionnés des manufactures de Sèvres, etc. 1 vol. in-8°................... ... 2 fr.

LA MINIATURE. 1 vol. avec planches d'étude.......... 1 fr.

LA PHOTOGRAPHIE POUR TOUS, traité simplifié. 1 vol. in-8°.. 1 fr.

GUIDE DU PEINTRE-COLORISTE, comprenant le coloris des gravures, lithographies, vues sur verre, pour stéréoscope; du Daguerréotype et la retouche de la Photographie à l'aquarelle et à l'huile, par C. Lefebvre. 1 vol. in-8°.......... 1 fr.

MANUEL GÉNÉRAL DU MODELAGE EN BAS-RELIEF ET EN RONDE-BOSSE, DE LA SCULPTURE ET DU MOULAGE, ouvrage orné de planches, augmenté d'un grand nombre de procédés nouveaux, utiles et agréables aux amateurs, par F. Goupil, professeur de dessin et élève d'Horace Vernet... 1 fr. 50

GÉOMÉTRIE ET DESSIN LINÉAIRE FAMILIER, suivi du Dessin d'après nature, sans maître, orné de 250 figures, par Goupil. 1 vol. in-8°.................. .... 2 fr.

CLICHY. — Impr. de MAURICE LOIGNON et Cie, rue du Bac-d'Asnières, 12.

EN VENTE A LA MÊME LIBRAIRIE

CLICHY. — Impr. MAURICE LOIGNON et Cie, rue du Bac-d'Asnières, 12.

www.ingramcontent.com/pod-product-compliance
Ingram Content Group UK Ltd.
Pitfield, Milton Keynes, MK11 3LW, UK
UKHW020917180726
13838UKWH00002B/608